우리가 우주에 가야 하는 이유

아르테미스 프로젝트에서
우주 경제의 내일까지

우리가 우주에 가야 하는 이유

폴윤(윤명현) 지음

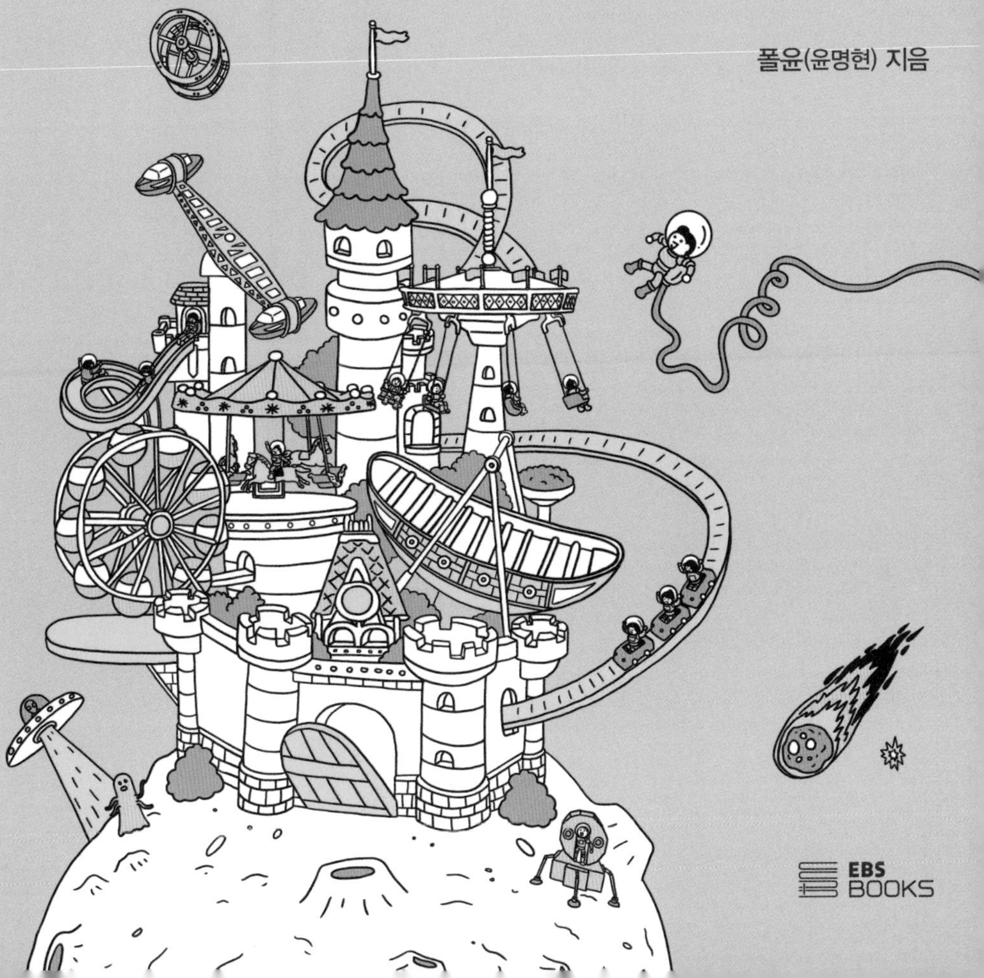

EBS BOOKS

추천사

우주 개발과 관련된 각종 정부 위원회에 참석해 현안에 대해 격렬하게 토론하다 보면 뜬금없이 나오는 질문이 있다. “그런데 왜 우리가 우주에 가야 하죠?” 누군가에겐 너무나 당연한 일이지만, 또 누군가에게는 피가 나도록 머리를 긁어도 시원치 않은 그 질문. 폴윤 교수는 ‘오늘의 우주’를 담아 ‘내일의 우리’를 이야기하며 모처럼 개운한 답을 제시한다.

— 안형준 박사 (과학기술정책연구원)

이 책은 인류가 우주로 나가야 할 당위성을 일목요연하게 소개하고 있다. 과거의 상상이 현실이 된 ‘오늘의 우주’를 세세하게 담으며, 인류 생활권에 포함될 ‘내일의 우주’를 구체적으로 전망하고 있다. 우주에 대해 조금이라도 호기심이 있는 독자들에게 권하고 싶은 책이다.

— 이상각 명예교수 (서울대학교 자연과학대학 물리·천문학부(천문학 전공))

최근 누리호와 달 탐사선 다누리호 발사 성공에 한국 사회가 열광하고 있지만, 정작 우리는 왜 우주로 나가야 하는지에 대해 잘 모른다. 흥미로운 주제들로 가득 차 있는 이 책을 따라가다 보면, 어느새 우리의 미래를 엿보며, 지구에서 우주문명시대로 나아가는 인류의 도전과 그 아름다운 여정에 동행하게 된다.

— 조율래 이사장 (한국과학창의재단)

우리는 왜 우주에 가야 하는 걸까? 수학과 교수답게 명쾌한 논리로 그 이유를 찾고 답한다. NASA 태양계 홍보대사로 매년 한국에서 청중과 호흡하며 나눈 얘기를 한 권에 담아냈다. 우주를 꿈꾸는 학생과 우주가 곧 어떤 모습으로 우리 앞에 다가올지 궁금한 어른들을 위한 책이다.

— 문홍규 박사 (한국천문연구원 우주탐사그룹장)

왜 우주 개발을 해야 하는지, 지금 우리는 무엇을 준비해야 하는지, 우주 개발의 중심지인 미국에서 보내온 선물 보따리가 뜨끈하다. 특히 우주 경제의 내일에 관한 유쾌한 상상과 통찰이 반짝인다. 우주항공청(KASA)이 태동하는 시점이기에 별빛 너머의 세계에 관심이 있는 독자들에겐 더욱 요긴할 것이다.

— **채연석 박사 (전 항공우주연구원장)**

과거엔 과학자들과 한 줌의 우주 괴짜들만 관심을 보였던 우주, 이 미지의 세계에 대한 관심이 뜨겁다.
AI 위성영상 분석, 우주 인터넷, 미래에너지, 스마트 방산 등 기존의 지구(?) 산업에 우주 기술을 접목해 새로운 가치를 창출하려는 경쟁이 갈수록 치열해지고 있다. 이제 우주는 인류에게 새로운 성장 동력을 제시할 신(新)경제의 무대이자 전략 자산으로 부상했다.
이 책은 급변하는 우주에 대한 이해와 통찰을 얻는 데 도움이 될 것이다. 우주의 '대중화'를 위해 꾸준히 노력해 온 폴윤 교수님의 노력에 작지만 일조할 수 있었던 것을 기쁘게 생각하며, 우리나라도 어서 '우주 경제'란 표현이 자연스럽게 들리는 날이 오길 기대해 본다.

— 임현상 차장 (한화에어로스페이스 우주사업부)

NASA 태양계 홍보대사인 저자만이 들려줄 수 있는, 우리가 우주에 가야 하는 명확한 이유를 생생한 현장감과 친숙한 언어로 풀어낸다. 우주를 중심으로 한 국제 관계, 경제, 산업 등의 분야가 로켓처럼 빠르게 변화하고 있는 요즘, 더욱 필요한 교양서이다.

— 박재필 대표 (나라스페이스테크놀로지)

Prologue

오늘의 우주, 내일의 우리

인류는 지구 환경에 적응하며 살아왔다. 현재 우리의 신체 구조와 모습도 오랜 적응의 산물이다. 헤아릴 수 없는 시간 동안 지구의 환경에는 엄청난 변화가 있었지만, 오늘날 인류가 이토록 번성할 수 있었던 것은 바로 그 적응력 덕분이다.

적응한다는 것은 문제를 파악하고 그것을 해결하는 일련의 과정인데, 그 과정에서 인류는 과학과 기술을 발전시켰다. 한마디로 과학과 기술의 발전은 위대한 도전과 응전의 열매다.

지금 우리는 새로운 적응의 문 앞에 서 있다. 우주라는 새로운 세계를 향한 도전! 즉 새로운 기회의 시대가 다가오고 있는 것이다. 지구에서는 당연했던 것들이, 예를 들어 공기라든지, 물이라든지, 계절이라든지, 우주에서는 당연하지 않다.

바로 이 낯섦이 기회다. '불'의 발견이 인류의 삶을 180도 변화시켰듯이, 증기기관이라는 새로운 힘이 산업혁명을 일으켰듯이, 인터넷이라는 도구가 세계인의 일상을 송두리째 바꾸어 놓았듯이, 우주라는 신세계의 발견은 인류의 삶을 다시 한번 뒤흔들 것이다. 그리고 또 누군가에겐 별보다 찬란한 기회를 선사할 것이다.

동시에 우주는 당분간 우리에게 우리의 한계를 실감하게 할 것이다. 과연 지구 밖에 생명체가 있는지, 왜 그토록 많은 별이 존재하고 우리 지구는 어떻게 탄생했는지, 지구에 생명체가 이렇게 번성하게 된 이유는 무엇인지, 다음 세대는 과연 화성에 정착해 살 수 있는지, 인류의 터전은 얼마나 더 확장될 수 있는지 등의 호기심과 기대가 무색해질 수도 있을 것이다. 다만 우리는 우리가 지금껏 성취한 자랑스러운 지식과 기술을 우주라는 설레는 실험실에서 마음껏 테스트하게 될 것이다.

그렇게 우리는 우리의 현재를 성찰하며 매번 새로운 도전을 해 나갈 것이다. 노력하는 이들에게 우주는 우리의 문명이 더 발전할 수 있는 거대한 인큐베이터가 되어 줄 것이다. 실제로 최근 지구인의 일상을 바꿔 놓은 통신과 의료, 신소재 등에는 우주의 DNA가 스며 있다.

책에 '오늘의 우주(This is Space)'를 담으려 노력했다. 그리고 '내일의 우리(This is Next)'를 전망하고자 했다. 지금 앞서가는 사람들은 우주를 배우고 있기 때문이다. 앞서가는 나라의 걸음은 우주를 향하고 있기 때문이다. 그들은 지금이야말로 우리 후손들이 지구를 떠나 우주라는 새로운 보금자리로 이주하는, 위대한 서막이 시작되는 시기라는 것을 직감하고 있다.

불의 사용으로 인류가 원시시대에서 오늘날 지구문명시대로 진입했듯이, 우주에 대한 도전은 지구 중심적 삶에서 새로운 우주문명시대로의 진입을 가능하게 할 것이다.

끝으로 화성에서 생명체의 흔적을 찾는 미션을 수행 중인 탐사 로버(Rover) 퍼서비어런스(Perseverance)의 지혜를 당부하고 싶다. 퍼서비어런스는 인내와 끈기라는 뜻이다. 이 이름은 NASA의 공모를 통해, 당시 중학교 1학년 학생이던 알렉스 매더(Alex Mather)라는 친구가 지었다. 소넌은 이름의 이유를 이렇게 밝혔다.

"우리 인류는 미래를 향해 끈기 있게 나아갈 것이다. 화성으로 가는 과정에서 무수한 실패와 도전을 경험하겠지만, 우리는 포기하지 않을 것이다."

C O N T E N T S

Part 2

Space Economy

우주 경제 시대의 개막

그곳엔 별보다 많은 기회가 있다

Part 3

Space Issue

진화에서 혁명으로

우주의 오늘을 뜨겁게 달구는 이슈들

Part 1

Future Knowledge

지구인의 새로운 교양

이제 우주를 배워야 할 때

우리가 곧 마주할 미래는 어떤 모습일까?

"그들은 다시 날 수 있다."

2023년 11월 18일 스타십(Starship)의 두 번째 지구 궤도 시험 비행이 절반의 성공에 그쳤다. 이를 두고 NASA(미 항공우주국)의 빌 넬슨 국장은 자신의 SNS에 "우주비행은 '할 수 있다'는 자세와 굉장한 혁신을 필요로 하는 어려운 모험"으로 오늘 비행은 미완에 그쳤지만 결국 "NASA와 스페이스X는 인간을 달과 화성, 그 너머로 데려갈 것"이라고 장담했다.

그동안 이 지구에서는 주기적으로 인류의 삶에 큰 변화를 가져온 일들이 있었다. 대륙의 이동, 빙하기, 대멸종같이 인간의 활동과는 무관하게 일어난 일부터 산업혁명, 지구 온난화로 인한 기후변화 등 인간의 활동으로 인해 벌어진 일들이 계속해서 지구와 상호 영향을 주고받으며 지금의 지구를 만들고 또 미래를 준비하고 있다. 인간의 활동은 지구 환경에 긍정적인 영향을 끼치기도 하지만 어떤 활동은 부정적, 때로는 치명적인 영향을 주기도 한다. 그래서 우리는 인간의 활동으로 인해 벌어질 일을 예측하고 대비하는 일을 동시에 해야 한다.

NASA를 예로 들어 보자. NASA는 어떤 것들을 예측하고 대비하고 있을까. 지구의 기후변화와 관련해서 한번 이야기해 보자. NASA는 북극 빙하가 녹아내리는 속도를 측정한다. 현재 빙하는 어느 정도의 속도로 녹고 있고, 지금과 같은 온난화가 지속되면 언제쯤 완전한 붕괴에 이를지를 예측하고 대기질을 분석하여 환경오염 정도를 측정한다. 이렇게 하는 이유는 지금 현재 지구의 상태를 보여 주는 것도 있지만, 결과적으로 그로 인해 발생할 위험에 대비하는 대책을 세우는 데 있다. 부정적인 현상을 떠벌려 공포감을 조성하려는 것이 아니다.

과거에는 지구촌 인구가 80억 명을 넘어서면 지구가 이를 감당하기 힘들 것이라고 예측하기도 했다. 그만한 인구를 부양할 자원이 부족하기 때문이라는 것이다. 하지만 2023년 지구의 자원은 80억 인구를 너끈히 부양하고 있다. 다만 특정 자원의 소비가 커서 어떤 자원들은 생각보다 고갈 속도가 훨씬 빠를 수 있다는 전망은 있다. 하지만 지적 생명체인 인류는 그동안 생존을 위협하는 수많은 도전들 속에서 대안을 찾으며 오늘날에 이르렀다.

18세기 제1차 산업혁명을 이룬 이래 300년도 안 되는 사이 과학기술은 엄청난 발전을 이뤄 이제 4차 산업혁명 시대를 맞았다. 4차 산업혁명 시대인 오늘날 정보기술, 인공지능, 로봇공학, 생명공학 영역에서의 혁신은 기술뿐만 아니라 사회 전반적인 영역에 큰 변화를 가져오고 있다. UAM(Urban Air Mobility; 도심항공교통)의 시대가 현실화되고 있다. UAM은 전동수직이착륙기(eVTOL)를 활용한 미래 모빌리티 도심교통 시스템으로 기체, 운항, 서비스 등을 총칭하는 개념이다. 도심의 교통체증이 한계에 다다르면서 이를 극복하는 운송수단으로 주목받고 있고, 실제 상용화를 위한 노력도 진행 중이다. 운전자의 개입 없이 차량이 스스로 장애물을 인지해서 피하고 경로를 파악하는 자율주행 기능은 이미 차량에 장착되어 있다. 아직 안전성에 대한 의구심이 남아 있지만, 머지않은 미래에 도래할 완전한 자율주행 시대를 이제 의심하는 사람은 없다. 많은 것들이 스마트폰 하나로 조종 가능한 세상이다. 집에서 멀리 떨어진 사무실의 스위치를 켤

18세기 1차 산업혁명을 이룬 이래 300년도 안 되는 사이 과학기술은 엄청난 발전을 이뤄 이제 4차 산업혁명 시대를 맞았다. 과학기술은 우리가 예상하는 것보다 훨씬 빠른 속도로 발달하고 있다.

수도 있고, 집 난방은 물론 현관 잠금장치까지 더 이상 벽에 붙은 스위치나 리모컨이 필요 없다. 과거에는 상상 속에서나 가능했던 일들이 이제 버젓이 현실이 되었다. 인공지능(AI) 기술의 발달 덕분이다. 그 덕에 사람들은 이제 상상이 상상으로만 그칠 것이라고 생각하지 않게 된 듯하다. 시간은 좀 걸릴지라도 '상상은 곧 현실이 된다'는 것을 그동안의 과학기술이 증명해 주었기 때문이다.

2023년 7월 유엔 산하 국제전기통신연합 주최로 스위스 제네바에서 열린 〈AI for Good〉 컨퍼런스에서 인간과 유사한 신체 구조를 가진 9대의 휴머노이드 로봇이 참석해 기자와 제작자의 질문에 대답하는 기자회견이 있었다. 아직 완벽하게 인간의 역할을 수행한다고 할 수는 없지만 상당히 지적인 반응을 보여 줬다. 축적된 빅데이터를 이용해 인간의 질문에 논리적인 체계를 갖춰 대답했다. 이미 우리가 잘 알다시피 스마트폰 하나에는 어떤 한 지역의 도서관보다 더 많은 정보가 들어 있다. 거대한 도서관을 주머니에 간단히 들고 다닌다. 불과 2, 30년 전만 해도 이런 세상을 상상할 수 있었는가. 과학기술 발전의 속도는 지금보다 훨씬 더 빨라질 것이다. 그만큼 가까운 미래도 쉽게 상상하기 어려운 세상이 되었다.

지구가 탄생하고 지금에 이르는 사이 수많은 생명체들이

생겨났다가 멸종했다. 그리고 또 새로운 생명체가 탄생했다. 환경 변화에 적극적으로 대처하지 못한 생명체들은 지구에서 사라졌다. 자연의 순리에 의하면 우리 인류도 1억 년 안에는 멸종될 위험이 높지만, 환경 변화에 대처하는 능력을 지닌 인류는 어쩌면 다른 미래를 맞이할지도 모른다. 인간은 때로 피하기 어려워 보이는 위험도 피하는 방법을 고안해 내기도 하니까. 그런 인류의 지속적인 생존의 가능성을 높이는 것 중에 하나가 우주라는 공간의 존재다. 우주가 이제 인류의 생활권에 포함되고 있기 때문이다.

우주로의 확장은 이렇게 설명할 수 있다. 과거 우리가 한 마을에 머물다가 동네를 넘어 다른 지역과 교류하고, 작은 단위의 사회에서 큰 사회로 나가고 이제는 한 나라 안이 아닌 전 세계를 무대로 활동한다. 오늘날 사람과 사람, 나라와 나라가 유기적으로 연결되어 더 이상 한 지역에서만 경제 활동을 영위할 수는 없게 되었다. 마치 세계가 하나의 경제권처럼 되어 서로 영향을 주고받으며 떼려야 뗄 수 없는 관계가 되었다. 여기에 이제 우주라는 지역이 더해지는 것이다.

지금까지 지구촌 내에서 각 나라의 경제적, 문화적 확장에는 비행기, 대형 화물선, 유조선 같은 것들이 중요한 역할을 했다. 여기에 정보통신망의 발달이 더해져 세계는 더 급속히 긴

밀하게 연결되었다. 더욱이 시간이 흐를수록 이 정보통신망의 중요성은 점점 더 커지고 있다. 인공위성이 정보를 수집해 보내면 각 나라에서는 그 정보를 처리해 기상을 예측하거나 지구의 변화상을 모니터하고, 물류의 흐름과 농산 수확량을 예측한다. 또한 인공위성으로 만들어진 정보통신망을 통해 전 세계 주식 동향 및 다양한 경제, 정치, 사회 소식들이 전달된다. 스페이스X는 그 중요성을 인식하고 인공위성 네트워크의 구축을 위해 저궤도 위성 스타링크를 계속해서 쏘아 올리고 있다. 그동안 지상망이 단절되었던 전장(戰場) 지역까지 안정적인 통신 서비스를 제공하고 있다. 스페이스X는 총 4만여 대의 통신 위성으로 구성된 상호연결망 구축을 목표로 한다. 이미 저궤도를 중심으로 우주 경제가 시작되었다.

1876년 전화기가 발명되었을 때, 1946년 전자 컴퓨터가 등장했을 때, 오늘날 전 세계와 통화가 가능하고 수많은 데이터를 처리할 수 있는 스마트폰의 등장을 상상할 수 있었을까. 우주 관광 역시 지금은 대중화가 불가능한, 아니 가능하더라도 아주 먼 미래의 이야기로 생각될지 모른다. 하지만 우주로 로켓을 쏘아 올리는 회사들이 점점 많아지고 있고, 그렇게 경쟁이 이루어지다 보면 자연스럽게 로켓 제조 기술뿐 아니라 경제적인 측면도 현실화될 것으로 보인다. 오늘날 대한민국 사회에서는 상상하기 힘들지만 자동차가 극소수의 전유물이던 때가 있었다. 로켓 역시 자동차가 지금과 같은 상황을 맞은 것과 같은 미래를 향해 가고 있는 것이다. 마치 관광 산업이 20세기 초반에는 상상할 수 없을 만큼 21세기에 세계 경제 규모에서 엄청난 지분을 차지하듯이 우주 경제에서도 관광산업이 큰 지분을 차지할 것이다. 수명이 다해 가는 국제우주정거장이 곧 퇴역하고 상업용 우주정거장이 본격화되어 여러 개 만들어지면 우주 관광 산업은 더 속도를 내게 될 것이다.

우주는 우리 인류에게 주어진 또 하나의 대안이자 가능성이다. 과거 강대국, 부자들만의 전유물이었던 우주에 이제는 다양한 국가, 기업, 개인 들이 도전하고 있다. 우주 비즈니스 하면 일론 머스크가 가장 유명하지만 제2의 스페이스X를 꿈꾸는 이들이 속속 등장하고 있다.

지구에선 맞고
우주에선 틀리다

16세기에 코페르니쿠스가 "지구가 태양의 주위를 돈다"라고 천명했을 때, 기존의 세계관은 요동쳤다. 그전까지 우주의 중심은 지구였다. 그런데 지구가 움직일 수 없는 중심이 아니고 태양을 돌고 있다니, 사람들은 마치 자신들이 중심 세계에서 주변부로 쫓겨난 것처럼 어리둥절해진 것이다. 지금이야 지구가 중심이 아니고 태양을 돌고 있고, 태양 역시 은하계를 돌고 있으며, 은하계 역시도 계속 움직이고 있다는 것은 아주 어린 학생들도 다 아는 사실이지만, 그럼에도 우리의 사고는 여전히 지구 중심적이다.

시간에 대한 개념만 생각해 봐도 그렇다. 우리에게 하루 24시간은 지구가 자기 주축을 중심으로 한 번 자전하여 낮과 밤을 발생시키는 데 소요되는 시간이고, 1년 365일은 지구가 태양을 한 번 공전하는 데 소요되는 시간이다. 인류는 태생부터 지구에서만 거주해 왔기 때문에 하루에 24라는 숫자와 1년에 365라는 숫자를 절대적으로 대입해 오고 있다. 하지만 인류가 다른 우주 공간으로 삶의 영역을 확장한다면 시간 개념도 변할 것이다.

인류가 화성에서 거주한다면 그곳의 시간은 지구의 시간과 어떻게 다를까. 지구에서처럼 하루 24시간 개념은 유효할까. 화성은 자전하는 데 24시간 40분이 걸려 지구와 큰 차이가 나지 않는다. 하지만 태양을 공전하는 데는 지구의 2배 가까운 687일이 걸린다. 화성에 인류가 정착한다면 시간 조정이 필요하다. 화성 말고 또 다른 행성에서는 또다시 자전과 공전의 시간이 달라질 것이다.

오늘날 국제화된 세상에서 살아가는 우리가 외국에 거주하는 지인과 통화할 때 시간대가 다르다는 것을 인식하듯이, 다가오는 우주시대에 하루와 1년이 다른 행성에서는 다르다는 것을 인식하는 것이 필요하다.

우리는 학교에서 물리나 수학 시간에 지금도 뉴턴의 제2법칙 힘(F)=질량(m)×가속도(a), 중력가속도(g)=$9.8m/s^2$을 배우고

1990년 2월 14일 보이저 1호가 태양으로부터 60억 킬로미터 떨어진 거리에서 찍은 지구의 사진이다. 그 유명한 '창백한 푸른 점(A Pale Blue Dot)'이다. 칼 세이건의 책 제목에 영감을 주었다. "저 점을 다시 보세요. 그것은 여기 있습니다. 그것은 집입니다. 그것은 우리입니다." 우주의 관점에서 바라보면, 많은 것들이 달라진다. [출처: nasa.gov]

있다. 지구가 주변의 물체를 끌어당기는 힘(중력)은 물리현상을 이해할 때 매우 중요한 개념이다. 지구에 사는 한 중력의 영향에서 자유로울 수 없다. 하지만 같은 행위도 지구와 달과 화성에서의 결과가 각기 달라질 것이다. 달의 중력은 지구의 약 16.6퍼센트, 화성의 중력은 지구의 약 38퍼센트 정도로 알려지고, 그만큼 물체의 가속이 달라진다. 지구에서는 물체가 공기 저항이 없을 경우 $9.8m/s^2$의 가속도로 자유 낙하하지만 달에서는 $1.622m/s^2$, 화성에서는 $3.71m/s^2$의 가속도로 떨어질 것이다.

한편 우주 공간에서 인류의 생존과 관련해 가장 중요한 것은 물이다. 물이 있어야만 인간은 생존할 수 있다. 우주에서 인간이 거주하려면 물을 채취해야 하는데, 이때 필요한 힘과 일이 달과 화성에서 달라진다. 일(Work)＝힘(Force)×거리(Distance)이다. 물을 같은 깊이에 위치한 지하 저장소에서 끌어올리기 위해 필요한 힘과 일은 지구에 비해 화성에서는 약 3분의 1, 달에서는 약 6분의 1로 줄어든다. 아직 탐사하지 못한 지구보다 질량이 낮은 소행성에서는 힘과 일이 감소하지만 지구보다 질량이 높은 행성에는 힘과 일이 증가할 것이다.

더 이상 중력가속도 g는 상수가 아니다. 변수다. g를 변수로 상정할 수 있어야 우리 머릿속에서 불가능이라는 부정적 생각을 지울 수 있다. 지금까지 공학적인 공식들은 우리가 그동안은 지상에서만 살았기 때문에 의문을 품을 필요가 없었다. 이제 우주로 나가면 달라져야 한다. 그런 것들은 지구 기반에서만 상수일 뿐이다. 우주는 상수의 세계가 아니다. 변수의 세계다. 우리 인생과 닮지 않았는가. 24시간의 하루, 12개월의 1년 같은 절대적인 시간 개념은 더 이상 절대진리가 될 수 없다. 우리의 후손은 어느 미래에 화성을 포함 우주 밖 여러 행성에서 살아갈 것이다. 그들의 하루는 과연 몇 시간일까?

지구 중심적 사고에서 탈피하는 것은 하루아침에 되는 일은 아닐 것이다. 사소한 습관 하나 바꾸는 데도 수십 년이 걸리는데, 마치 유전자처럼 우리 몸에 새겨진 그것을 바꾸기란 여간 어려운 일이 아니다. 하지만 우리는 이제 그런 사고의 전환을 시작해야 하는 시대를 맞이하고 있다. 비행체를 구상할 때도 지구에서 날리는 것과 화성에서 날리는 것은 다르다. 대기의 기압이 다르기 때문에 설계하는 과정 자체가 달라질 수밖에 없다.

1977년 우주로의 여정을 시작한 NASA의 보이저 1호는 1990년 태양으로부터 60억 킬로미터 떨어진 지점에서 바라본 지구를 촬영해 전송해 왔다. 미국의 천문학자 칼 세이건(Carl Sagan)은 그 작은 지구의 이미지를 보고 '창백한 푸른 점'이라는 이름을 붙였다. 우리 인류가 탄생하고 우리가 만들어 온 모든 역사, 사상, 종교, 과학, 정치, 경제, 문화예술이 지구라는 우주의 이 작은 한 점에서 이루어졌다. 이제 이 작은 점을 벗어나 더 많은 행성과 별을 찾아나서는 여정에 나섰다. 우주라는 변수가 우리 앞에 펼쳐졌다. 그곳은 기어코 우리의 새 삶의 터전이 될 것이다.

인류의 호기심은 멈출 수 없다

찰스 바이크만(NASA 외계행성과학연구소장)은 제임스 웹 우주망원경 같은 관측 수단을 동원해 끊임없이 외계행성을 탐색하고 또 탐험하는 이유로 호기심을 꼽았다. "인간은 태초부터 호기심이 많은 동물이고 호기심은 지금까지도 사라지지 않았으며 더구나 탐험은 '인간의 본성'이기 때문이다." 무수한 이유가 있겠지만 인간이 무엇을 발견하고 고안하고 찾아나서는 데 있어 호기심보다 더한 이유는 아직 발견되지 않은 듯하다.

우주시대에 필요한 인재라고 하면 일단 뭔가 거리감부터 느껴진다고나 할까. 우리 일상에서 만나기 어려운 천재 같은 사람들이나 하는 일 같다. 하지만 1997년부터 제임스 웹 우주망원경의 ISIM(통합과학장비모듈) 프로젝트 선임연구원으로 일한 매튜 그린하우스는 "제임스 웹 개발에 참여한 사람들은 출신도 배경도 제각각이고, 우리 주변에서 볼 수 있는 평범한 사람들"이라고, 다만 그들이 다른 점이 있었다면 "자신의 모든 걸 연구에 바친 것일 뿐"이라고 했다. 믿기 어렵겠지만, 그의 말은 진실이다. 핵심은 호기심과 상상력. 그리고 헌신.

어떻게 보면 지구는 우주의 축소판이라고 할 수 있는데, 이 지구에서 무언가를 관찰하고 탐구하는 것을 좋아하는 호기심 많은 사람이라면 일단 우주 인재로서의 기본 자질을 갖춘 셈. 해보지 않은 것, 보이지 않은 것을 상상할 수 있는 지적 호기심을 가진 사람이 제1의 조건이다.

두 번째로는 도전 정신이 있어야 한다. NASA에서 엑소플래닛(태양계 외 행성, 외계행성) 탐사를 제안했던 윌리엄 보루키(William J. Borucki)라는 과학자가 있다. 엑소플래닛에 아무도 관심을 가지지 않던 1980년대부터 관심을 가지고 꾸준히 탐사 제안서를 냈지만 번번이 거절당했다. 한두 번만 거절당해도 그 일을 추진하기 어려운데, 그는 포기하지 않고 계속해 나가며 케플러 망원경의 기반을 만들었고, NASA는 2009년 3월 케플러 망원경을 우주로 발사했다. 이후 케플러는 9년 동안의 행성 탐사를 통해

2,681개의 엑소플래닛을 발견하며 태양계 외에 존재할지도 모를 또 다른 우주의 존재를 밝혔다. 천문학자들의 시야를 확장해 준 것이다. 이후 엑소플래닛 찾기는 NASA의 주요 탐사 분야로 자리매김 했다.

윌리엄 보루키 같은 사람들의 지치지 않고 지속한 노력과 용기가 우주 탐사의 방향을 바꾸고 새로운 길을 만들어 낸 것이다. 현재 활동 중인 제임스 웹 우주망원경과 2027년 5월에 발사될 예정인 낸시 그레이스 로먼 우주망원경도 외계행성을 관찰하는 특수 업무를 수행하게 된다. 그래서 정말 우주 인재라고 하면 누가 뭐라 해도, 때론 세상이 지탄해도 자신의 논리적 판단에 확신을 가지고 나아갈 수 있는 사람이라고 할 수 있다. 모험심도 빼놓을 수 없는 건 당연한 일.

한편 이제 우주 인재라면 단순한 지적 호기심을 넘어 인류학적인 측면에 대한 고민이 있어야 한다. 내가 하는 일이 인류에 도움이 될 것인가, 우리의 삶을 보다 낫게 해 줄 것인가에 대한 사회적인 고민과 인류애에 바탕한 철학이 있어야 한다. 단순히 지금의 세대만이 아니라 미래 세대까지 생각하는 품 넓고 따뜻한 마음이 필요하다.

지적인 측면에서 보면, 당연한 이야기지만 과학적 사고뿐 아니라 학문적 연마가 필요하다. 실제 우주 탐험과 개발은 단순

우주시대의 인재에게 수학이나 공학이나 천문학 같은 지식만 필요한 것은 아니다. 지금의 세대만이 아니라 미래 세대까지 생각하는 넓은 시야와 따뜻한 인류애에 기반한 철학이 요구된다.

히 상상의 영역이 아니다. 아주 미세한 물리적 오류도 용납되기 어려운 분야다. 일단은 보통 사람들은 이름만 들어도 고개를 흔들, 머리에 김이 모락모락 피어오를 거 같은 분야들이겠지만, 우주 산업에 종사하기를 꿈꾼다면 과학(Science), 기술(Technology), 공학(Engineering), 수학(Mathematics)에 대한 공부는 기본이다. 최근에는 여기에 예술(Art)적 소양까지도 더해져야 한다고 하는데, 이를 한데 아울러 스팀(STEAM) 교육으로 부르기도 한다.

우주라는 새로운 영토에는 일차적으로 로켓이나 우주정거장, 우주기지 같은 기반 시설이 필요할 것이다. 초기에는 그런 건축물을 구축하는 과학기술이 중요할 테고, 거기서 한발 더 나아가 그곳에 많은 사람들이 오고 가고, 또 장기 거주하는 프로젝트가 성공하면 과학기술자뿐 아니라 보다 다양한 영역의 인재들이 필요해진다. 우주라는 곳에 또 하나의 사회가 이루어지면 요리사, 음악가, 미술가, 심리학자, 교육자, 피트니스 강사, 우주복 패션디자이너, 우주 기상캐스터, 법조인, 방송인, 치과의사, 수의사, 애완동물 관리사, 우주 운동선수, 우주 호텔 관리인, 우주 여행업 종사자, 의사는 물론이고 우주에서 자급할 수 있도록 농사도 지어야 할 테니 농부도 필요하다. 언제까지나 지구에서 먹거리를 조달할 수는 없지 않겠는가. 지금 지구에서도 각광받는 스마트팜 재배가 우주에서는 훨씬 더 스마트(?)하게 이뤄지게 되지 않을까.

수학자나 공학자가 주로 인류가 우주로 나가 정착하는 데까지 역할을 수행한다면, 실제 거주와 관련해서는 우주에서 입을 패션을 연구하고, 고독하고 폐쇄된 공간에서 사람들의 마음을 어떻게 달랠 수 있을까를 연구한다든지, 우주에서 어떻게 하면 반려동물과 함께 살 수 있을까, 화성에 치과를 짓는다면 어떻게 운영할까, 우주에서 근육 손실, 골다공증 및 방사선에 의한 신체 손상을 효율적으로 막을 수 있는 방법은 무엇일까, 우주에서 식당을 한다면 어떤 음식이 신체에 부담을 주지 않을까 하는 일상의 문제들을 고민하고 그 해결책을 강구하는 인재가 필요하다.

그리고 우주 인재라면 무엇보다 지구 중심적 사고에서 벗어나야 한다. 중력이 지배하는 지구를 기준으로 생각하면, 우리의 상상력과 문제 해결 능력은 제한적일 수밖에 없고, 지구에서 유효한 해법이 우주에서는 무용지물일 확률이 크다. 정말이지 우주엔 별들의 수만큼 해법이 있지 않을까.

인간이라는 경이로움

인류는 비교적 최근에 지구에 등장한 생명체다. 지구는 우주적인 측면에서 보면, 특히 인간과 같은 고등 생명체가 번성하기에 매우 좋은 환경을 가지고 있다. 태양계만 놓고 보면 지구 외에는 고등 생명체는 차치하고 단순 생명체가 존재할 수 있는 환경조차도 힘든 상황이다.

NASA가 우주 탐사를 하는 목적 중 하나는 과거 지구 밖에 생명체가 존재했는지 혹은 현재 존재하는지를 밝혀내는 것이다. 이를 위해 NASA는 화성 탐사와 유로파 클리퍼 미션을 계획하고 있다. 목성의 위성 중 하나인 유로파는 생명체의 존재 가능성이 매우 높은 것으로 추정되고 있다.

지구는 달이 하나이지만 수성과 금성은 달이 없고, 화성은 두 개의 달 포보스(Phobos)와 데이모스(Deimos)가 있고, 목성과 토성은 매우 많은 달을 갖고 있다. 목성은 80개에서 95개, 토성은 146개의 달이 있는 것으로 알려진다. 그 가운데 지구의 달보다 약간 작은 유로파의 표면은 얼음으로 덮여 있는데 이 얼음층 아래에는 지구 바다의 2배가 넘는 액체 상태의 바다가 수십 킬로미터 깊이로 펼쳐져 있을 것으로 추정된다. 그러나 아직까지는 생명체의 흔적을 찾지 못하고 있었는데, 제임스 웹 망원경이 그 가능성을 보여 주는 흔적을 발견해 보내 주었다. 근적외선 카메라와 분광기를 이용해 유로파 표면에서 이산화탄소를 식별해 냈다. 이미 2012년에 허블 우주망원경이 유로파 표면에서 160킬로미터에 이르는 비슷한 수증기 기둥을 발견한 바 있다.

한편 또 다른 생명체 존재의 가능성을 가진 것으로 추정되는 타이탄 탐사 계획이 있다. 이는 드래곤플라이(Dragonfly) 미션인데, NASA는 2028년 토성의 가장 큰 달인 타이탄에 무인 드론 탐사선인 드래곤플라이를 보낼 계획이다. 타이탄은 질소가 풍부한 대기와 유로파와 같이 지하에 액체 바다가 있는 얼음 세계로 알려진다. 메탄이 호수를 채우고 있고, 메탄 강이 흐른다. 드래곤플라이는 2028년 지구를 출발한 뒤 2034년 타이탄에 도착해 2년 이상 생명체의 기원에 대한 단서를 찾는 탐사를 진행할 계획이다.

유로파나 타이탄이 생명체가 존재할 수 있는 가능성이 높은 환경을 가진 것으로 보이지만, 그렇다고 고등 생명체가 살 수 있는 환경은 아니다. 현재 NASA가 집중하고 있는 것은 미세 생물, 그러니까 박테리아 정도의 단순 세포들이 존재할 환경을 찾는 것이다.

이 태양계만 놓고 보더라도 고등 생명체인 우리 인류는 참으로 경이로운 존재다. 그 크기를 가늠할 수 없는 우주라는 공간에서, 그 수많은 행성 중에서, 그중에서 수십억 개의 세포가 만들어지고 사고하고 판단하며, 미래를 예측하고 문화를 만드는 인간이라는 고등 생명체의 존재는 그야말로 놀랍다고 할 수밖에 없다.

전 세계의 과학자들은 수십 년 동안 지구 밖에서 작은 생명의 흔적이라도 찾으려고 노력해 왔지만 구체적 증거는 아직 찾지 못했다. 척박한 우주에서 인류와 같은 고등 생명체가 존재하는 것은 기적에 가깝다.

인류학적 측면에서 봤을 때 우리는 무엇일까. 가족, 친구, 이웃, 그리고 지하철이며 버스를 타면서 만나는 사람들, 해외여행에서 만나는 외국 사람들. 우리는 우리 자신을 포함해서 지구

타이탄의 대기. 타이탄의 대기는 질소와 메탄으로 이루어져 있다. 타이탄의 표면에는 액체 메탄과 에탄으로 이루어진 호수와 강이 있다. [출처: wikipedia.org]

상의 인류에게 존경을 표해야 한다. 나, 그리고 그들 각자가 진정한 별이다. 슈퍼스타다. 우리가 우주 탐사를 통해 얻은 소중한 깨달음 중에 하나는, 불가능한 환경에서 살아남은 이 인류가 얼마나 귀하고 소중한 존재인가 하는 점이다.

인류에 큰 영향을 미친 종교의 선지자들과 사상가들이 인간을 바라본 기본 관점도 그와 같지 않았을까. 저 수많은 별 속에서 존재하는 이 인류가 얼마나 고귀한 존재인가를 이해한 바탕 위에서 인류의 사상과 영적인 방향을 설정했을 것이다. 우리는 이 우주적인 측면에서 봤을 때 우리 인간을 사랑할 수밖에 없다. 우리 모두에게 박수를 쳐 줘야 한다. 이 짧은 찰나의 순간, 우리가 지구상에서 생명체로 존재하게 된 것을 축하하고 고마움과 배려의 마음을 가져야 한다. 생명 그 자체로 존중되어야 한다. 깨어 있는 사람, 지적인 사람이라면 당연히 가져야 할 태도다.

우리가 감사히 여기고 소중히 여겨야 할 대상은 인간만이 아니다. 인류가 존재할 수 있었던 것은 그것을 가능케 한 환경이 조성되었기 때문이다. 공기와 동식물이 있어 생존이 가능했고, 돌과 나무와 흙이 있어 건축하고 위험으로부터 우리를 보호할 수 있었다. 그것들에 대한 깊은 감사와 배려가 없다면 이 지구라는 보금자리는 더 이상 인류의 생존을 보장하지 않을지도 모른다. 지금 인류가 맞닥뜨린 환경 문제에 관심을 가지고 전 세계가 힘을 합해 노력해야 하는 이유다. 지구를 아름답게 보존해서 다음 세대에게 전해 주는 것이 지금 우리가 해야 할 일이 아닐까.

우주인이 되려면 무엇이 필요한가

우주인을 꿈꾸는 이가 많다. 매스컴에서 누군가가 우주인에 선정되었다고 하면 우리는 일단 많은 관심을 갖게 된다. 도대체 어떻게 하면 우주인이 된단 말인가. 우주 탐사를 다녀온 우주인들 스스로도 큰 자부심을 가지고 있다. 사실 그 세계를 알고 나면 그 자부심의 근거를 이해할 수 있다. 우주인은 어떻게 보면 생명을 담보로 한 도전이다. 생명까지는 아니더라도 우주 체험이 자신의 신체와 정신에 어떤 영향을 끼칠지 예측할 수 없는 상황에서 미지의 세계에 겁도 없이 성큼 걸음을 내딛은 것이다.

그럼 어떤 사람들이 우주인이 되는 걸까? 그동안 미항공

최초의 우주인, 닐 암스트롱. 뒤로는 그가 아폴로 11호와 함께 역사적 발자국을
남긴 달 표면 사진이 걸려 있다. [출처: wikimedia.org]

우주국 NASA의 우주인을 대상으로 그들의 면면을 살펴보면, 군 출신 조종사, 공학자, 그리고 물리, 생물, 의학 포함 여러 분야의 과학자들이다. 주로 이공계 출신들이다. 이공계 인물이 많은 것은 우주인의 미션 중에는 우주선 조종, 우주정거장 장비 사용 및 보수 유지 외에도 우주 실험실인 국제우주정거장(ISS: International Space Station)에서 생화학, 의학, 물리, 공학 실험을 수행하는 일이 많기 때문이다. 2023년 기준 38명의 현역 NASA 우주인들이 활동하고 있다.

최근 한국에서 주목하는 우주인이 있다. 한국계 미국인 2세인 조니 김(Jonny Kim)이다. 그는 고등학교 졸업 후 군대에 입대해서 네이비실(Navy SEAL) 해군 특공대원으로 활약하면서 실전 전투에 여러 차례 참여한 경험이 있다. 군 복무 중 미국 샌디에이고 대학에서 수학을 전공했다. 그는 어린 시절에는 체력이 많이 약했는데, 특공대 특수 훈련을 통해 정신과 신체를 꾸준히 단련하여 단단해졌다고 한다. 이후 하버드 의과대학에서 의학박사 학위를 받았다. 이후 종합병원에서 레지던트로 일하던 중 NASA의 우주인 선발 프로그램에 지원해 발탁되었다.

조니 김 이력에서 우주인이 되는 데 필요한 능력의 일단을 엿볼 수 있다. 먼저 그가 수학을 전공했다는 점이다. 수학은 물리학, 천문학, 전자공학, 기계공학, 컴퓨터공학 등 과학기술 분야 지식을 습득하는 데 필수적인 지적 토대이고 논리적 사고와 판단 능력 향상에 도움을 주어 우주인이 되려는 꿈이 있다면 추천하고 싶은 전공이다. 한국인 첫 우주선 탑승자로 선정되어 훈련받은 적이 있는 대한민국의 고산 역시 대학에서 수학을 전공한 점은 눈여겨볼 만하다.

한편 조니 김이 우주인으로 선정되는 데는 그의 군대 복무 이력도 도움이 됐을 것이다. 극한의 환경에서 생존법을 터득한 그의 경험이 척박한 환경의 화성 탐사나 달 탐사에 적합하고, 또 그가 의사라는 점도 중요한 이유였을 것이다. 우주인 중에 환자가 발생하면 치료할 사람이 필요하니까. 이렇게 따져 보니 그는 우주인으로서의 더할 나위 없는 조건을 갖춘 듯하다.

그동안 우주인 중에는 항공 조종사들도 많았다. 쌍둥이 조종사 형제인 스콧 켈리나 마크 켈리 역시 해군 조종사 출신이고, 닐 암스트롱 포함 아폴로 미션에 참여한 우주인도 대부분 조종사였다. 최근에는 과학도 출신이 많아지는 추세인데, 지금은 우주정거장을 중심으로 과학 실험을 진행하는 일이 많아졌고, 그에 따라 그 실험 미션을 수행할 능력이 있는 전문가가 점점 많이 필요해진 데 따른 것이다.

우주인은 무엇보다 신체적으로 튼튼해야 하고 정신적인 면도 중요하다. 폐쇄된 공간에서 오래 머무르는 과정에서 정신적인 문제가 생길 수 있는데, 이런 문제들에 잘 대처할 수 있는 정신력이 있어야 한다. 몸도 튼튼, 마음도 튼튼. 우주인의 가장 기본적이고 핵심적인 조건이다. 또한 우주 공간에서의 미션은 혼자가 아니라 몇 명이 팀을 이뤄 협업으로 수행해야 하기에 우주인은 협동심과 감성지수가 높아야 한다.

과거에는 우주 탐사가 미국항공우주국(NASA), 유럽우주국(ESA)같이 국가 주도 우주 기관에 의해 이뤄졌다. 우주인도 대체로 국가 기관에 몸담은 사람 중에 선발되었다. 그런데 최근에는 우주 탐사 분야가 상업화되면서 민간 기업의 참여도 활발하게 이루어지고 있다. 국제우주정거장도 민간에 상업용으로 조만간 이양될 예정이어서 우주에서 민간 기업의 경제 활동은 점점 더 늘어날 것이다. 그러면 민간 기업에서 자체적으로 선발하는 우주인이 많아지고, 자연스럽게 우주인 수요가 증가하면 이공계가 아니더라도 다양한 분야의 사람들에게 기회가 생길 것으로 보인다. 꿈과 의지가 있다면 누구나 이제 도전해 볼 만하게 되었다.

우주인은 크게 3가지 부류로 나뉠 것으로 예상된다. 직업 우주인, 우주 환경에서 다양한 분야의 연구·우주 제조업 업무·예술 활동 등 특수 목적을 위해 훈련받은 우주인, 그리고 우주 여행을 위해 훈련받은 일반 우주인이다.

국가에서 선발하든, 민간 기업이 선발하든, 우주인의 기본 조건은 앞서 설명한 것과 다르지 않을 것이다. 우주인이 되고 싶다면 장기적인 목표를 세우고 학창 시절부터 팀워크 스포츠나 신체 단련을 열심히 해야 한다. 그리고 자신이 좋아하는 분야에서 최선을 다하길 바란다. 곧 우주 여행이 현실화되고 더 많은 사람들이 우주에 거주하게 되면 우주마을이 형성된다. 우주 농부, 우주 요리사, 우주 심리학자, 우주 음악가, 우주 요가 강사, 우주 애완견 조련사, 우주 미용사, 우주 바리스타, 우주 변호사, 우주 경찰, 우주 태권도 관장, 우주 여행 안내원 등 지구의 대다수의 직업이 우주마을에서도 필요해진다. 하나 주의할 점은 우주는 우리가 지구에서 당연하게 생각하는 공기, 적은 방사량, 우리 신체에 딱 맞는 중력의 조건이 아닌, 근육과 뼈 밀도가 감소하는 등의 도전적 환경임을 기억할 것. 이에 적응하려면 충분한 훈련, 그리고 변수에 대처하는 유연함을 장착한 후 우주로 향해야 한다.

여담이지만 미국 우주인 중에는 스카우트 출신이 많다. NASA가 배출한 300여 명의 우주인 중 200명 이상이 보이스카우트와 걸스카우트 출신이고, 특히 달에 착륙한 12명의 우주인 중 닐 암스트롱 포함 10명이 보이스카우트 출신인 점은 어린 시절 단체 활동을 통해 다양한 경험을 얻는 것이 우주인이 되는 데 큰 도움이 된다는 힌트가 아닐까.

우주 트렌드 리더

NASA는 우주 탐사 분야에서는 그야말로 트렌드 리더다. 1998년 건설이 시작돼 2001년 완공되어 20년이 넘는 시간 근지구에서 활동한 국제우주정거장을 건설하는 데도 주도적 역할을 했다. 1969년 아폴로 미션으로 인간의 달 착륙을 성공시켰으며, 태양계의 여러 천체들을 방문하고 우주망원경의 성능을 개선하며 더 많은 우주의 비밀을 밝히고 있다.

오랜 시간 달에 가고자 했던 사람들의 꿈을 현실화한 것도 NASA다. 지금 NASA는 달 탐사와 화성 탐사 포함 우주의 평화적 탐사에 관한 국제 협약인 아르테미스 협정을 주도하고 있다.

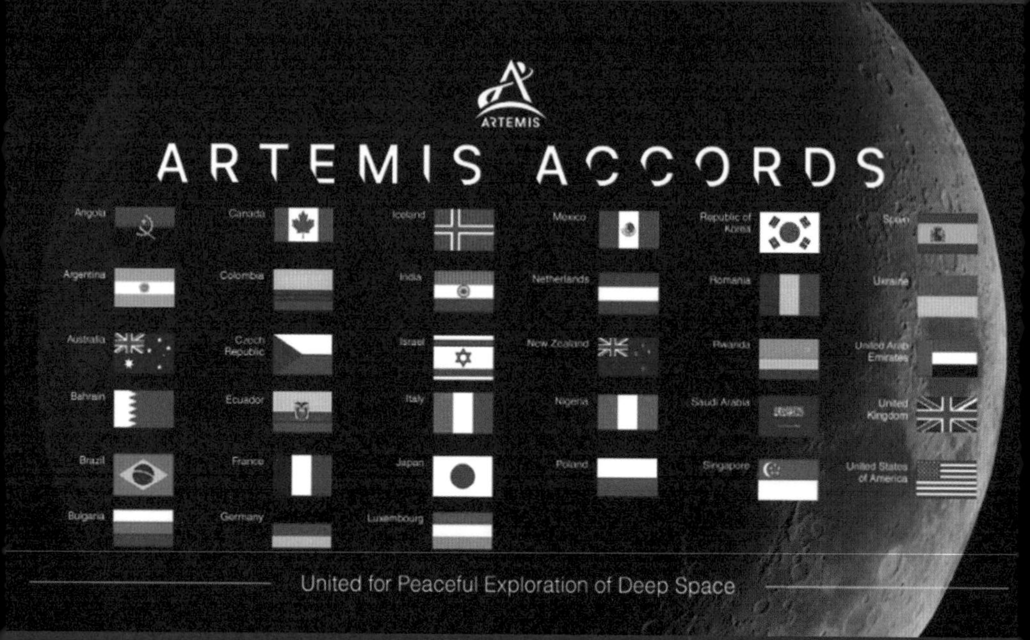

NASA가 주도한 아르테미스 협정에 현재(2023년 12월)까지 참여한 33개국. 아르테미스 협정은 평화로운 목적의 우주 활동 및 투명성을 주요 골자로 한다. 대한민국은 2021년 5월 24일 이 협정에 서명함으로써 10번째 참여국이 되었다. 참여국의 숫자는 계속 늘어나고 있다. [출처: nasa.gov]

목표는 지속 가능한 달 탐사의 실현이다. 달의 궤도를 도는 유인 기지 '루나 게이트웨이' 건설과 달 남극 부근에 기지 건설도 준비하고 있다. 이 협정은 우주 공간에서의 평화적 달 탐사, 과학 정보 공개, 우주 탐사의 장소 보존, 우주쓰레기 처리 등과 관련한 10개의 조항으로 이루어져 있다.

NASA는 달을 뛰어넘어 화성 인간 탐사라는 새로운 도전을 차곡차곡 준비하고 있다. 여러 대의 화성 위성을 운영하고, 착륙선들과 로버(rover, 탐사 로봇)들을 화성 표면에 성공적으로 착륙시켰다. NASA가 주도하는 이 트렌드에 세계 많은 나라들이 뜻을 함께하고 있다.

또 하나 NASA가 하는 중요한 일 중 하나가 지구 방위를 위한 연구다. 2022년 9월 NASA는 행성 방어 임무용 우주선을 지구에서 1100만 킬로미터 떨어진 소행성에 충돌시켜 소행성의 궤도 변경에 성공했다. 과학자들은 현재 소행성이 지구와 충돌할 위험은 낮지만 그것이 꼭 영화 속에서나 존재하는 위협만은 아니기에 그 충격과 대처법을 고민하고 있다. 소행성이 우리가 사는 도시에 떨어지면 어떤 일이 벌어질지는 많은 재난영화들이 보여 주지 않았는가. 이런 문제에 대응하려면 무엇보다 국제 공조가 절실하다. NASA 역시 혼자서는 할 수 없다는 것을 잘 알고 있다. 그래서 국제 협약 등으로 세계 여러 나라와 협력해 시너지 효과를 내기 위해 노력하고 있다. 국제 협력이 이루어지면 재정적 지원을 보다 안정적으로 유지할 수 있고, 그만큼 시도해 볼 수 있는 과학기술도 늘어난다. 그러면 달 탐사, 화성 탐사, 그 너머 세계에 대한 탐사의 성공 확률이 높아지리라는 것은 당연한 기대가 아니겠는가.

NASA는 또 심우주 탐사를 선도하고 있다. 허블 우주망원경과 제임스 웹 우주망원경을 통해 우주 세계를 이해하는 데 획기적인 성과를 일궜다. 차세대 우주망원경 낸시 그레이스 로먼 우주망원경은 암흑에너지를 이해하기 위한 관측과 외계행성 관측을 통해 우리들에게 우주의 비밀을 더 알려 줄 것이다.

NASA는 인류가 지구 밖 세계로 팽창해 나가는 데 선도적이고 주도적인 역할을 해 왔다. 아마도 당분간은 트렌드 리더로서의 자리는 굳건할 것 같다. 우주시대에서 뒤처지지 않으려면, 나아가 주도권 싸움에서 밀리지 않으려면 NASA가 바라보는 곳이 어디인지, 그들이 무엇을 계획하고 있는지 주시할 일이다.

NASA의
넥스트 레벨

"우리가 지극히 현실적이었다면 우리는 여기까지 올 수 없었다."

몇 년 전 NASA에서 '비전 2050(Vision 2050)'이라고 해서 향후 우리가 30년 안에 무엇을 해야 될까에 대한 제안서를 과학계에 제출해 줄 것을 요청한 적이 있다. 과학기술과 예산의 제약 없이 NASA가 나아갈 탐사의 방향을 제안해 줄 것을 부탁했다.

비용과 기술적 수준에 대한 고려는 항상 지금이 기준이고, 그것을 생각하면 미래에 대한 상상은 지극히 제한적일 수밖에 없다. 하지만 우리가 어떤 미션을 지금 설정해서 그것을 완성할 때는 10년, 20년 후일 것이다. 그때는 기술도 지금보다 훨씬 발전했을 것이고, 비용도 낮아져 있을 것이다. 미션 설정은 항상 미래지향적이어야 한다. 그 모든 현실적 고려를 뒤로하고 우리가 무엇을 해야 할지를 제안할 수 있어야 한다.

NASA는 과학 탐사에 있어 전 세계에 문호를 개방한다. 자신들이 알고 있는 몇 명의 연구진이 아니라 전 세계에 있는 과학자들에게 문을 열어 놓고 있다. 과학은 모두가 공유해야 한다는 원칙과 철학을 가지고 있다. 국적을 불문하고 능력 있는 과학자들의 참여가 이루어지면 당연히 연구의 성공 확률도 높아질 것이다. 오픈 소스이고 오픈 플랫폼이다.

NASA는 대학교들과 협업을 많이 한다. 대표적인 대학을 살펴보면 현재 화성을 탐사하고 있는 퍼서비어런스 로버의 과학탐사 총책임자는 캘리포니아 공과대학의 켄 팔리(Ken Farley) 지질학과 교수이다. 화성의 대기 소멸을 관측하는 인공위성 메이븐(MAVAN) 프로젝트에는 콜로라도 대학과 버클리 대학이 참여하고 있고, 화성의 수많은 사진을 보내온 다목적 탐사선 MRO(Mars Reconnaissance Orbiter) 미션은 애리조나 대학, 명왕성을 방문한 우주선 뉴 호라이즌(New Horizon) 미션은 존 홉킨스 대학, 외계행성을 관측하는 우주망원경 테스(TESS)는 MIT 공과대학과 NASA가

NASA는 세상을 향해 이렇게 말해 왔다.
“우리가 지극히 현실적이었다면 여기까지 올 수 없었다.”

협업하여 탐사를 이어 가고 있다. 발사체와 탐사 장비 제작은 산업계와 NASA 엔지니어들이, 과학 탐사는 학계와 NASA 과학자들이 유기적으로 협업하고 있어 산학연협력의 성공적 사례로 평가된다.

NASA는 향후 10년간 탐사의 방향을 결정할 때 과학계에 의견을 묻는다. 10년 안에 우리가 무엇을 해야 하는지부터 여러 가지를 물어본다. 그러면 그에 대한 아이디어를 규합하고 정리해서, 이번에 어디를 탐사하고 탐사의 주목표를 무엇으로 삼아야 할지 등을 과학자들과 함께 결정한다. 과학계의 토론을 통해 의견 일치한 사항들은 10년 조사보고서(Decadal Survey)에 기록되고 NASA는 이를 토대로 앞으로 할 일을 결정한다.

향후 50년 NASA의 우주 탐사에서 주된 탐사 방향 중 하나는 태양계의 여러 곳을 방문해 표본을 채취해 지구로 가져오는 것이다. 이러한 표본은 우리 태양계, 또 우리의 지구가 어떤 과정을 거쳐 만들어졌는지를 이해하는 데 도움을 준다. 병원에서 건강검진을 하다가 어떤 이상 소견이 보이면 일단 조직을 떼내서 조직검사를 한다. 그래야 그것의 정체를 정확하게 알 수 있다. 앞으로 NASA가 하려는 것은 그런 우주의 조직 샘플을 채취하는 것이다.

아폴로 탐사를 통해 6차례에 걸쳐 우주인들은 총 382킬로그램의 달의 돌과 토양 표본을 지구로 가지고 왔다. 이 달의 표본을 통해 우리는 달의 지각이 44억 년 전에 만들어졌고, 운석들이 달의 표면에 많이 충돌했으며 용암이 분출한 사실도 확인할 수 있었다.

NASA는 수많은 과학적 문제를 검증하는 일도 한다. 허블이 우주가 팽창한다는 사실과 별들의 탄생지를 찾았고, 제임스웹은 그 구체적인 내부를 보여 줬다. NASA는 이러한 탐색 결과를 바탕으로 빅뱅의 시작, 초기 우주를 이해하기 위한 연구를 꾸준히 하고 있는 것이다. 한편 한발 더 나아가 우주 팽창을 가속화하는 힘인 암흑에너지(Dark energy)와 우주 물질 약 25퍼센트를 구성하고 있음에도 거의 보이지 않는 암흑물질(dark matter) 조사를 목표로 하는 로먼 우주망원경 프로젝트를 진행하고 있다.

NASA 사람들

NASA에는 약 1만 7,000여 명이 다양한 직종에서 근무하고 있다. 과학자, 엔지니어, 우주인은 물론이고 재무, 인사, 기획 등 관리직부터 경비원까지 다양한 업무에 종사하는 사람들이 NASA를 구성하고 있다. 대다수 NASA 직원들은 학사학위까지 취득했고 박사학위 소지자는 직원 구성에서 소수 비중이다. NASA 직원들의 전공을 살펴보면 단일 전공으로는 기계공학과가 제일 높은 비중을 차지하며, 이공계 분야뿐만 아니라 심리학, 커뮤니케이션, 회계학, 경영학, 정치학, 형사법 등 비이공계 분야 전공자도 다수 근무하고 있다.

다른 기관들과 마찬가지로 NASA 역시 자신의 업무를 잘 해내고, 팀원과 원만한 인간관계를 유지하며 소통 능력을 지닌 인재들을 고용한다. NASA는 철학자들과도 협업한다. 무엇이 로켓의 안전을 보장하는가? 준비 과정이 안전한지 어떻게 판단할 수 있는가? 정당성이란 그리고 증거란 무엇인가? 안전에 관한 근본적인 질문을 명확히 하기 위해 철학자도 우주 탐사에서는 필요하다.

NASA는 미 국민의 세금으로 운영되는 국가기관이다. 2023년 NASA의 한 해 예산은 미화 254억 달러이고 이는 매년 증가하고 있다. 국민은 자신들이 낸 세금이 어디에 어떻게 쓰이는지 알 권리가 있고, 세금을 집행하는 기관은 그 내역을 국민에게 알릴 의무가 있다. 양자 간에 소통이 중요하다. NASA는 우주 탐사를 일반인에게 알리고 공감할 수 있도록 소통 전문가들도 고용하고 있다.

NASA에는 문학과 예술을 전공한 인재들도 필요하다. 이들은 가보지 못한 곳에 대한 아이디어를 구체적으로 상상하고 이야기로 풀어내며, 글과 그림으로 구현해 내는 능력자들이다. 요즘은 현실감이 생생한 영상으로 제작해 보여 주기도 한다. 이런 작업들은 과학자들이 프로젝트를 보다 구체적으로 이해하고 보완하는 데 큰 영감을 줄 수 있다.

제임스 웹 우주망원경을 쏘아 올릴 때 가장 큰 고민거리 중에 하나가 크기 문제였다. 금빛의 육각형 거울 18개를 벌집 형태로 이어 붙여 만든 주경의 지름만 6.5미터에 이르는 이 망원경은 모두 펼치면 테니스 코트장만큼 큰데, 이걸 우주선에 그대로 실을 수가 없었다. 어떻게 하면 이 거대한 물체를 우주선에 실어 보낼 수 있을까. 그래서 떠올린 방법이 어린 시절 누구나 한번쯤 해 봤을 법한 종이접기다. 접으면 부피가 줄지 않겠는가. 예술적인 감각, 상상력이 필요한 순간이다. 제임스 웹은 그렇게 6번을 접었다.

NASA가 추구하는 과학과 공학 분야 인재들은 무엇보다도 자신에게 주어진 업무를 과학적이고 효율적으로 처리할 수 있는 능력이 필요하다. 지적 기반은 물론이고, 또 앞서도 강조했지만 돌발 상황, 그러니까 전혀 예측하지 못한 우주의 변수를 만났을 때 필요한 능력. 늘 쉽게 이야기하지만 결코 갖추기엔 만만치 않은 그 능력, 유연하고 창의적인 문제해결 능력이 필수다.

엔지니어를 목표로 한다면 수학 능력은 기본이다. 평면해소, 공간 미분, 벡터 공간 미분 등등 보통 공학도라면 대학 1, 2학년 과정에서 배우는 것들이다. 이 정도 수준의 수학 과정 정도는 끝내야 NASA 엔지니어가 되는 최소한의 조건을 갖췄다고 할 수 있다.

NASA 역시 자신의 업무 능력이 뛰어나고 팀원과 원만한 관계를 유지하며 소통능력을 갖춘 인재를 선호한다. 다만 아무리 능력이 뛰어나도 팀워크를 해친다거나 근면성에 문제가 있다면 발탁될 수 없다. [출처: nasa.gov]

엔지니어 같은 경우는 학사, 석사만 돼도 충분히 가능하다. 이런 학문적인 기초를 쌓는 것과 더불어 관련 기관에서 인턴십 경험을 쌓는 것이 매우 중요하다. 꼭 학부 시절이 아니라 대학원 과정 중에도 기회가 있다면 인턴십에 적극 나설 필요가 있다. 한편 기술 분야는 국가의 안보와 관련이 있기에 미국 시민 중에서만 채용한다. 그러나 과학 분야는 미국 시민이 아니더라도 상관없다. 학업 능력 등이 같은 조건이라면 미리 비슷한 경험을 해 본 사람이 뽑힐 확률이 높은 건 당연지사. 또 과학자로 지원한다면 당연히 과학적 성취가 있거나 그런 가능성을 보여 줘야 한다.

그리고 놓치면 안 되는 것이 있다. 대부분의 일이 그렇겠지만, NASA의 모든 일은 사람과 사람 간의 협업이 중요하다. 더욱이 NASA의 프로젝트는 장기간에 걸쳐 이루어지는 경우가 많아 동료들과 함께하는 시간이 아주 길다. 팀원 간의 조화가 무엇보다 중요한 것이다. 그래서 사람을 뽑을 때는 인성을 많이 살피고, 아무리 능력이 뛰어나도 팀워크를 해친다거나 근면성에 문제가 있다면 NASA는 발탁하지 않을 것이다.

NASA가 선사하는 기회와 영감

NASA는 모든 탐사에서 많은 사람들이 공감하고 참여할 수 있도록 다양한 프로그램을 기획해 제공하고 있다. 예컨대, 유치원생부터 대학원생, 그다음에 박사 후 과정생까지 모든 분야에 있는 사람들에게 NASA와 협력할 수 있는 문을 열어 두고 있다. 우주 탐사에 관한 온라인 게임을 개발한다든가, 로켓 경연대회를 개최한다든가 하는 프로그램으로 사람들을 유혹한다. 또 NASA의 과학자들, 엔지니어들은 적극적으로 사람들과 만나고 소통한다. 인턴십 과정도 활발하게 운영하고 있어 NASA 미션 수행에 고등학생부터 대학생 및 대학원생이 직접 참여할 수 있다.

퍼서비어런스 로버(Perseverance Rover)를 한 예로 들어 보자. 퍼서비어런스 로버는 NASA 산하의 제트추진연구소(JPL)가 개발한 새로운 화성 탐사 로버이다. 사실 이 이름은 중학교 1학년 학생인 알렉스 매더(Alex Mather)라는 친구가 지었다. NASA에서 전국 유치원생부터 고등학교 학생들까지를 대상으로 화성 탐사 로버의 이름을 공모하는 이벤트를 벌였는데 여기에 2만 8,000명이 참가했다. 학생들은 각자 정한 이름을 적고, 그 이름을 지은 이유와 의미를 적어 내면 NASA의 심사와 일반 투표 등을 거쳐 대상자를 선정하는 방식이다. 그렇게 해서 선정된 '퍼서비어런스(Perseverence)'는 인내와 끈기라는 뜻이 있다. 매더는 이 이름을 지은 이유를 설명한 에세이에서 "우리 인류는 미래를 향해 끈기 있게 나아갈 것이다. 화성으로 가는 과정에서 무수한 실패와 도전을 경험하겠지만, 우리는 포기하지 않을 것이다"라고 밝혔다.

우주 탐사의 중요한 목적 중의 하나는 사람들에게 영감을 주는 것이다. 또 사람들의 과학과 기술, 수학에 대한 관심을 유도하고 장려하기 위함이다. NASA는 일정 예산을 일반인 대상, 특히 자라나는 세대를 위한 교육에 쓰는데, 그것이 결과적으로는 과학기술에 관심 있는 인재 양성에 도움을 주어 국가경쟁력으로 이어지기 때문이다. 국민의 세금으로 운영되는 국가기관으

퍼서비어런스 로버는 NASA 산하의 제트추진연구소가 개발한 화성 탐사 로버이다. 사실 이 이름은 중학교 1학년 학생인 알렉스 매더(Alex Mather)에 의해 탄생했다.

로서 해야 할 마땅한 도리를 수행하는 셈이다.

이것이 바로 NASA, 그리고 미국이 인재를 키우는 방법이다. 대한민국 과학계에서도 고등학생이나 대학생이 쉽게 참여할 수 있는 통로를 만들고, 그들에게 미션을 부과하여 우주 탐사 전 과정에 참여할 수 있는 기회를 제공하는 것이 중요하다. 그런 과정을 통해서 인재들도 발굴되고 또 성장해 나갈 테니까.

바이오시그니처를 찾아서

지구 밖에 과연 생명체가 살고 있을까, 하는 문제는 인류가 아주 오랫동안 품어 온 의문이다. NASA 역시 지난 60여 년간 지구 밖 외계 생명체에 대해 관심을 가지고 연구와 탐사를 지속하고 있다. 그렇다면 생명체가 존재한다는 것은 어떤 의미일까? 생명체가 존재하고 진화하는 데 필요한 것은 무엇일까. NASA는 두 가지 관점에서 접근하고 있는데, 하나는 일단 이 지구환경을 근거해 생각할 때 생명체 존재와 진화의 핵심 조건은 물이라는 것이고, 하나는 메탄이 존재하는 곳에서도 가능하다는 생각이다.

먼저 물 찾기와 관련해 NASA는 지구의 달과 목성의 달인 유로파에 주목하고 있다. 2021년 NASA는 화성 탐사선 퍼서비어런스를 화성 착륙에 성공시키며 화성에서 생명체 흔적(biosignature) 찾기와 거주 가능성 등을 탐색하는 작업을 하고 있다. NASA는 화성을 뛰어넘어 더 먼 곳에 위치한 세계로의 탐사를 이어 나가고 있다. 목성과 토성에는 달이 많은데 그중 목성의 달 중 하나인 유로파의 표면에 물이 존재할 가능성에 주목하고 있다.

유로파 표면 아래엔 지구 바닷물의 2배가 넘는 거대한 바다가 숨겨진 것으로 알려지며, 2016년에 NASA는 허블 우주망원경을 이용해 유로파 대기에서 수증기가 뿜어져 나오는 모습을 관찰하기도 했다. 이에 NASA는 '유로파 클리퍼 미션(Europa Clipper Mission)'을 계획했다. 2024년에 탐사선인 유로파 클리퍼를 보내 물과 생명체 형성에 필요한 화학 요소의 존재 여부, 생명체를 지탱하기 위해 필요한 에너지 전달 과정 등을 탐사할 계획을 세우고, 이미 미 의회에서 관련 예산을 통과시켰다. 클리퍼(Clipper)는 19세기 날렵하게 항해하던 돛단배의 한 종류다. 클리퍼는 2024년 10월 유로파로 향한다.

토성 탐사와 관련해서는 토성계 타이탄 미션(Titan Saturn System Mission)이 있다. 토성의 달 중 가장 큰 타이탄에는 메탄 호수가 있다. 생명체는 물을 통해서 존재, 진화할 수 있지만 메탄 호수를 통하는 방법도 충분히 가능하다. 생명체에 산소만이 의

미가 있다는 것은 어쩌면 지구적 시각일 수 있다. NASA는 2028년 무인 드론 탐사선인 드래곤플라이를 타이탄에 보내 그곳의 대기층을 조사할 예정이다. 또 오랫동안 관심을 가져 온 화성 역시 과거에 물이 존재했고, 지금은 얼음 상태로 존재하기 때문에 생명체의 흔적을 찾을 수 있는 확률이 높다고 보고 있다.

한편 제임스 웹 망원경은 엑소플래닛, 그러니까 우리 태양계 밖에 존재하는 외계행성(exoplanet) 중에서 표면에 물의 분포가 보이는 행성을 관찰하기도 했다. 밤하늘에 빛나는 하나하나의 별은 각자의 태양계의 중심이며 최소 하나 이상의 행성을 갖고 있을 것으로 예측된다. 그런데 이 별들은 온도가 저마다 다 다르다. 태양의 역할을 하는 별과 너무 가까우면 표면에 물이나 액체가 모두 증발해 버리겠고, 너무 멀면 얼어 버릴 것이다. 하지만 적절한 거리를 유지한다면 표면에 물이 액체 상태로 유지될 수 있어 생명체가 존재할 수 있는 환경이 만들어질 수 있다. NASA는 그런 외계행성을 찾고 있다. NASA와 MIT가 협력해 쏘아올린 우주망원경 테스의 큰 관심사 역시 생명의 흔적이 있는 외계행성을 찾는 것이다. 표면에 액체가 존재할 수 있을 정도로 태양의 역할을 하는 별로부터 적정하게 떨어진 거리에 위치한 행성을 관찰하고 있다.

NASA는 Unidentified Flying Object(미확인 비행 물체), 곧 UFO

유로파 클리퍼 일러스트레이션. NASA는 2024년에 탐사선인 유로파 클리퍼를 보내 물과 생명체 형성에 필요한 화학 요소의 존재 여부, 에너지 전달 과정 등을 탐사할 계획을 세웠고, 미 의회는 관련 예산을 승인하였다. [출처: nasa.gov]

에 대해서도 이전과 달리 적극적인 태도를 보이고 있다. 미 국방부와 NASA는 최근에 UFO 대신 UAP(Unidentified Aerial Phenomenon: 미확인 공중현상, 미확인 비행현상, 혹은 Unidentified Anomalous Phenomenon: 미확인 불규칙적인 현상)로 표현을 수정했다. 미 정부는 UFO 관련해 광고를 하면서 적극적으로 참여하지는 않았지만 꾸준히 관심을 두고 있었다. 1940년대부터 미 공군이나 해군 조종사들로부터 미확인 비행 물체에 대한 보고가 많았기 때문이다. 최근에는 미 하원 의원 주도로 UFO 청문회가 열리기도 했다. 청문회 중 '미국 행정부가 비행체 잔해와 인간이 아닌 조종사의 유해를 보관하고 있으면서 미 의회는 물론 대중을 속이고 있다'는 주장이 나오기도 했다. 미 백악관은 그와 같은 의혹을 부인했지만 해군과 공군 조종사들로부터 설명할 수 없는 공중현상이 있다는 보고를 받았다는 것은 인정했다.

UFO는 아무래도 조종사들에게 관측될 확률이 높다. 그들만큼 하늘을 다니는 사람은 없을 테니 당연한 일이다. 하지만 그러한 관측이 정확한 과학 장비를 통해 이루어진 것이 아니기 때문에 미 국방부 입장에서는 그 신빙성에 대한 검증을 해야 했다. 외계 생명체가 존재한다는 가능성을 배제하지는 않지만, 찰나의 순간 관측한 현상을 충분한 과학적 근거 없이 인정하는 것은 주의해야 한다는 것이 미 국방부와 NASA의 입장이다.

비영리 연구단체 SETI(Search for Extraterrestrial Intelligence)는 단순히 생명체 개념이 아니라 지적 생명체, 이를테면 우리의 라디오나 어떤 레이저 같은 시그널을 보면 그것에 접속하고 반응하는 지적 생명체를 찾는 연구를 해 오고 있다. NASA는 1970년 초기부터 이 SETI의 연구를 지원하는 작업을 해 왔다. SETI의 과학자들은 NASA의 허블 우주망원경을 이용해 관측을 하면서 명왕성의 달을 발견하는 데도 큰 기여를 했다.

NASA는 UFO와 관련해서 과거에는 거리를 두었지만 2023년 들어서 UFO 규명 공개회의를 진행하고 관련 부서를 신설하며 이전과 다른 입장 변화를 보이고 있다. 전 세계적으로 많은 사람들이 관심을 가지고 있는 현상에 대해 이제 좀더 적극적으로 대중과 소통하고 그 실체 규명에 나서겠다는 의도이다.

몇 년 전 로스앤젤레스 근교에 위치한 집 근처에서 산책을 하다 밤하늘에서 뭔가를 발견했다. 뭐랄까, 해파리처럼 아주 밝고 큰 것이 하늘을 순식간에 가로질렀다. 그것이 무엇인지는 특정할 수 없지만, 비행기가 아닌 것만은 분명했기 때문에 깜짝 놀랐다. 그 순간, '아 이게 외계인인가' 하는 생각을 하게 되었다. 그런데 다음 날 아침 신문기사를 보고 하룻밤의 궁금증은 금새 풀리고 말았다. 집에서 270킬로미터 떨어진 캘리포니아주 반덴버그 공군기지에서 스페이스X가 인공위성을 운반하기 위해 발사한 우주로켓이었던 것이다.

많은 사람들이 '와아, 외계인이다' 하는 대부분의 많은 현상이 이런 경험과 유사할 수 있다. 우리는 외계인의 생김새나 그들이 이동하는 수단에 대한 합의된 정의를 가지고 있지 않다. 당연하지 않은가. 한번도 확인한 적이 없으니 말이다. 이런 상황에서 보통의 비행기가 날아가는 모습과 다른 상황을 목격하면 의구심이 든다. 하지만 외계 생명체에 대한 구체상이 없기 때문에 자신이 목격한 '그것'을 외계인이라고 결정짓기는 어렵고, 모호한 상태로 남는다.

수학자로서 이런 생각을 해 본다. 과연 은하계에 다른 생명체가 존재할 확률은 어느 정도일까. 138억 년 전 빅뱅으로 지금의 우주가 탄생했는데, 이때 수천억 개의 은하계 별도 만들어졌다. 태양도 그 별 중 하나이고 크기로 보면 중간 정도이다. 우주에 가장 흔한 원소가 수소(H: Hydrogen)다. 이 수소가 산소(O: Oxygen)와 결합하면 물(H_2O)이 된다. 별들이 폭발할 때 핵융합으로 그와 같은 결합이 이뤄져 우주에는 많은 양의 물이 존재할 수 있게 된 것이다. 그럼, 우리와 같은 고등 생명체가 발생하는 환경을 가진 별은 이 지구뿐일까. 태양과 지구와 같은 관계가 다른 곳에는 없을까. 은하계 하나에 수천억 개의 별이 있고, 또 그런 은하계가 셀 수 없이 생성되고 소멸하는 과정을 거치고 있다.

그렇다면 우리처럼 생각할 수 있는 고등 생명체가 발생할 수 있는 환경 또한 수학적 확률로 봤을 때 충분히 있다. 많지는 않더라도 지구와 비슷한 환경 변화를 겪은 별이 있다고 보는 것이 논리적으로 타당하다. 우주에 가장 흔한 수소가 다른 것과 만나 새로운 조합을 만들고, 그 조합이 분자가 되고, 그것은 생명체가 존재하는 데 필수적인 물이 되기도 하고, 액체 메탄이 존재하는 환경이 조성될 수 있다. 수학적으로 봤을 때는 외계 생명체가 존재할 확률은 상당히 높다. 빌 넬슨(Bill Nelson) NASA 국장은 UAP 관련 공식 인터뷰 중 외계 생명체에 대한 개인적 입장을 표명했는데, 그는 사람들이 생각하는 것보다 더 많은 외계행성에 생명체가 존재할 것이라고 말했다.

캘리포니아 공과대학에서는 우주에 존재하는 유기물에 대한 연구를 활발하게 진행하고 있다. 얼마 전 과학자들은 소행성 류구(Ryugu)에서 소량의 샘플을 채취해 아미노산(amino acid)과 지방족 아민(aliphatic amine) 같은 유기물을 발견했다. 이것이 중요한 것은 유기물은 생명체와 연관되기 때문이다. 그것이 생명체의 존재를 입증해 주기까지는 상당히 긴 시간이 필요하겠지만, 다만 여기서 분명히 알 수 있는 것은, 우주에는 생명체가 발생할 수 있는 기초적인 요소가 갖춰져 있다는 것을 의미한다. 우주의 환경은 대부분 매우 척박해서 생명체가 존재하지 못하지만, 태

162173 류구. 미국 MIT 링컨 연구소의 LINEAR 프로젝트에 의하여 1999년 5월 10일 발견된 소행성이다. 아폴로 소행성군으로 분류되는 근지구 소행성 중의 하나이다. 일본 항공 우주 탐사 기관(JAXA)의 하야부사 2호는 1년 반 동안 류구 탐사를 마치고 샘플을 채취해서 귀환하였는데, 샘플에서는 RNA와 비타민 B_3의 성분인 우라실과 같은 유기물이 확인되었다. [출처: wikipedia.org]

양의 역할을 하는 별들에서 액체 상태의 물이 존재할 수 있는 거리에 위치한 수많은 외계행성에게 생명체의 씨가 뿌려졌다면 우리 지구에서 그랬듯이 생명체는 진화하고 발전해 왔을 것이다.

사실 우리가 외계를 향해 라디오 시그널 같은 것을 보낸 지는 겨우 100여 년밖에 되지 않았다. 지구는 45억 년 전에 발생했고, 그로부터 수십억 년이 지난 후에 그곳에서 생명체가 존재하게 되고, 그로부터 또 긴 시간이 흘러 고등적 사고를 할 수 있는 지금의 인류가 존재하게 되었다. 몇십, 몇 억 년, 아니 몇백만 년의 진화를 거치고 겨우 이제야 통신할 수 있는 능력을 가지게 된 것이다. 이런 과정은 충분히 다른 행성에서도 일어날 수 있다. 우주의 역사 속에서 그와 같은 일이 계속 반복되었을 것이다.

많은 과학자와 NASA는 외계에 생명체가 있다면, 또 그들이 고등 문명을 가졌다면 인류처럼 전파를 이용할 것이라는 생각을 하고 있다. 바이오시그니처(Biosignature), 그러니까 생명체의 존재를 증명할 지표를 얻기 위해 한 방법으로 테크노시그니처(technosignature)를 이용한다. 테크노시그니처는 라디오 시그널 같은 것을 보내서 외계로부터의 반응을 측정하는 것이다. 다른 생명체가 방사하는 전자, 방사선, 자기 파동, 무선 통신 등을 측정한다. 결국 대중들이 많은 관심을 가지고 있는 외계인의 존재 가능성을 찾는 과정의 일부다. NASA는 그동안도 이런 연구를 지원해 왔는데, 앞으로는 좀더 적극적으로 관련 연구를 진행할 것으로 보인다.

우주 탐사는 완벽한 수학 연주다!

어떤 자연현상을 표현하는 방식은 사람마다 제각각이다. 나무에서 나뭇잎이 떨어질 때, 물리학자는 중력에 의한 움직임으로 묘사하고, 시인은 그 떨어지는 나뭇잎에 인생의 쓸쓸함을 빗대어 읽을지도 모르겠다.

음악은 어떤가? 음악은 그 표현 방법이 여러 가지가 있다. 일차적으로는 어떤 음악적 영감을 음표 하나하나를 그려 악보로 나타내는 방법이 있다. 그런 다음 그 악보를 악기를 통해 연주하고, 또 사람 목소리로 표현할 수도 있다. 음악은 몸으로도 표현한다. 이때 악보와 관련해 이야기를 좀더 해 보자. 악보는 그 기호체계를 공부하지 않은 사람에게는 일종의 암호처럼 보인다. 도대체 무엇을 의미하는지 알 수 없다. 음악을 좋아하는 사람 중에도, 악보를 읽지 못하는 경우가 많다고 한다. 하지만 악보를 보는 법을 몰라도 음악을 듣고 감동을 느끼는 데 아무 문제가 없다. 오케스트라에서 바이올린과 피아노, 그리고 첼로, 오보에 등등 수많은 악기들이 어울려 내는 소리는 조화를 이루어 감동으로 다가온다.

우주 탐사는 음악의 악보 같은 거라고 생각해 볼 수 있다. 모든 우주 탐사는 사실 수학의 표현 또는 구현이라고 할 수 있는데, 음악가가 악보의 음표 하나하나를 정교하게 연주해 내는 것처럼 우주 탐사는 과학자들과 엔지니어들이 함께 완성한 수학 악보를 하나하나 표현해 내는 일이다. 오케스트라에서 여러 악기의 조화가 중요하듯 우주선에 적용된 과학과 공학의 원리가 오차 없이 제 역할을 해내야 우주 탐사라는 연주가 성공할 수 있다. 저마다의 악기를 담당하는 연주자들이 한 사람의 지휘자의 지휘에 맞춰 조화를 이루며 곡을 완성했을 때 관객은 깊은 감동을 받는다. 우주 탐사도 마찬가지다. 수많은 과학자, 엔지니어가 구현한 수학 악보를 한 치의 오차도 없이 조화롭게 구현해 내며 우주선이 화성에 또는 달에 착륙했을 때, 그때 밀려오는 희열이란 말로 이루 표현할 수 없을 정도다.

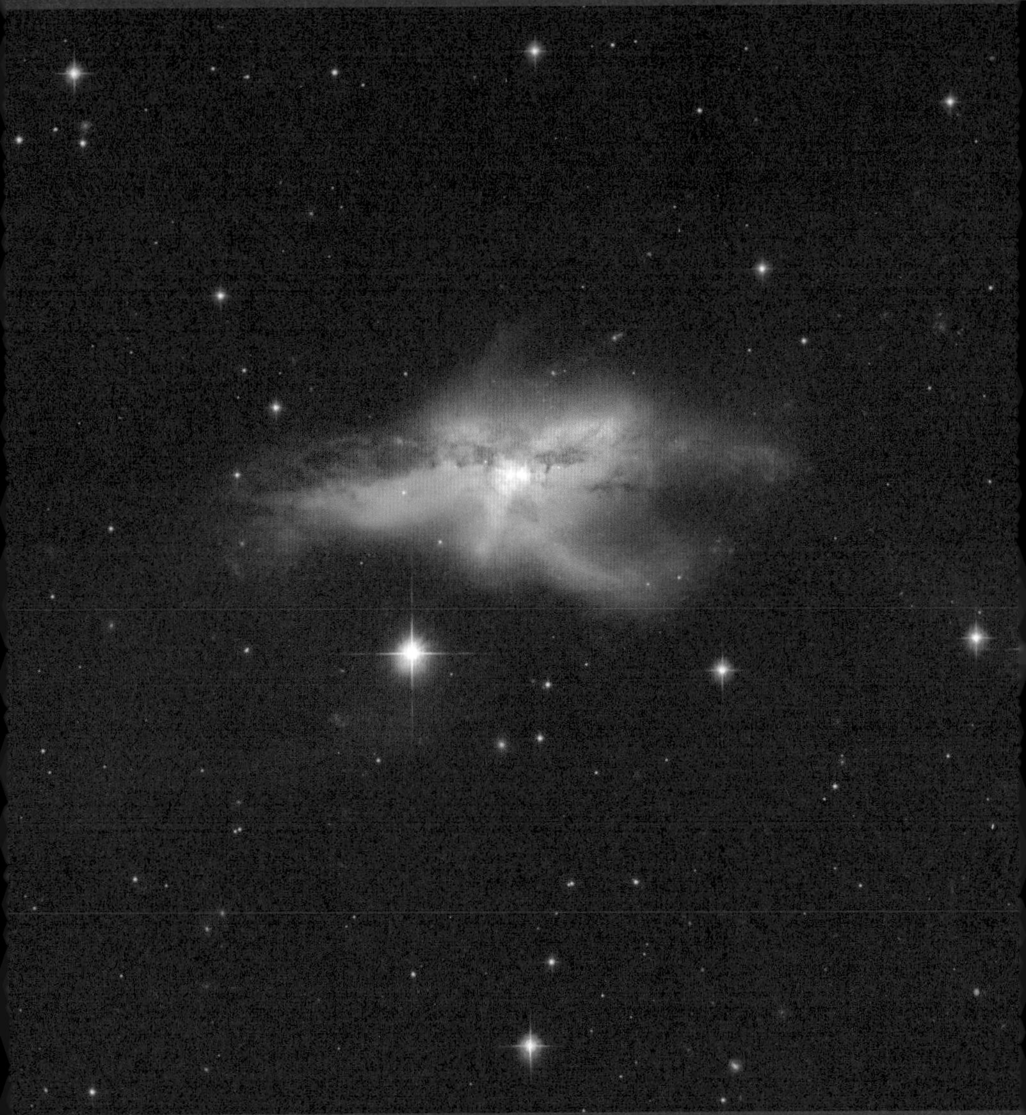

NGC 6240. 한 쌍의 은하가 충돌하는 찰나의 이미지. 그들이 하나의 더 큰 은하로 합쳐지기 직전, 진화의 단계를 보여 주고 있다. [출처: nasa.gov]

그런데 그 수학 악보를 제대로 구현해 내지 못할 때도 많다. 준비 과정에서 실수가 있고 예상하지 못한 장애물을 갑자기 만날 때도 있다. 다른 분야에서는 그렇게까지 큰 문제가 되지 않을 아주 작은 오차가 우주 탐사에서는 프로젝트의 실패로 이어지기 싫다. 그때마다 큰 비용을 치르고 좌절을 경험했지만 그런 경험들이 쌓여 지금에 이르렀다고도 할 수 있다.

우주 탐사는 오케스트라 연주 같은 것이다. 수많은 악기와 연주자, 지휘자, 합창부 이 모든 요소가 하나로 합체했을 때 완벽한 공연을 이룬다. 우주 탐사 역시 마찬가지다. 클래식 음악을 사랑하는 분들이 베토벤의 교향곡 9번 '합창'을 듣고 큰 감동을 느끼는 것처럼 수학자, 과학자, 공학자 들은 하나의 오차도 없이 태양과 지구와의 거리의 1.5배나 되는 먼 거리를 7개월에 걸쳐 날아가서는, 정확하게 예측한 화성의 표면에 로버가 안전하게 착륙했을 때, 그리고 맡은 바 임무를 정확하게 해냈을 때 이루 말할 수 없는 감동을 느낀다. 수학의 완벽한 연주가 완성된 것이다. 그 감동 때문에 수많은 과학자와 공학자가 우주를 떠나지 못하고 있다.

우주정거장이 선사한 새로운 가능성

미국은 과거 냉전체제 시절 아폴로 미션을 통해서 인류를 달에 먼저 착륙시킴으로써 우주 패권 전쟁에서 구소련을 압도하기 시작했다. 1969년 아폴로 11호에 탑승한 우주인 닐 암스트롱(Neil Armstrong)과 버즈 알드린(Buzz Aldrin)이 달에 성공적으로 착륙했다. 참고로 암스트롱은 미해군 비행조종사이고 알드린은 미공군 조종사로 한국전쟁에 참여했다.

이후 아폴로 미션을 계속 이어 오던 미국이 1972년 아폴로 17호를 끝으로 달 탐사 활동을 마무리하고 이제 새로운 시대를 맞이하게 된다. 1975년 7월 15일 소련은 2인승 우주선 소유스 19호를 발사했고, 그로부터 7시간 반 후에 3명의 우주인을 태운 미국의 아폴로 18호가 발사되었다. 이때 이들 우주선 발사는 달 탐사가 목적이 아니었다. 두 우주선은 7월 17일 지구를 도는 궤상에서 도킹(docking)에 성공했고 양국은 이를 계기로 국제우주정거장 건설을 위한 우주과학기술 협력과 정치적 신뢰를 구축해 갔다.

NASA는 이제 아폴로 미션 다음 세대인 스페이스 셔틀(Space Shuttle) 프로그램을 시작했다. 우주왕복선 개발과 우주정거장 건설에 나선 것인데, 최초의 우주왕복선인 컬럼비아호를 1981년에 발사한 데 이어 2011년 엔데버(Endeavour)호가 마지막 임무를 수행하고 퇴역하기까지 30여 년간 총 5기를 발사했다. 우주인이 탑승한 두 번째 인간 미션이다.

NASA는 이 셔틀 프로그램에 따라 1998년부터 지구 궤도를 90분에 한 바퀴씩 도는 국제우주정거장을 짓기 시작했는데 거기에는 미국뿐 아니라 유럽, 러시아, 일본, 캐나다 등 여러 나라가 참여했다. 이렇게 협력해서 만든 국제우주정거장에서 25년이 넘는 시간 동안 어떤 일들이 있었을까? 2023년 9월 기준 국제우주정거장에는 21개국에서 271명의 비행사가 다녀갔다. 왕복선은 우주정거장 건설에 필요한 수많은 재료를 우주로 운송했고 우주인들은 그것들을 조립하고 필요한 수리를 수행했다.

우주왕복선 디스커버리호. 스페이스 셔틀 프로그램에 따라 왕복선은 우주정거장 건설에 필요한 수많은 재료를 우주로 운송했고 우주인들은 그것들을 조립하고 필요한 수리를 수행했다. [출처: wikipedia.org]

국제우주정거장에서는 지구에서의 인류의 삶을 개선하고 성공적 우주 탐사에 필요한 3,000여 개 이상의 과학기술 실험이 이루어졌다. 대한민국을 포함 100개국이 넘는 나라들이 이 실험에 참여했다. 우주 공간이 인간 신체에 미치는 영향, 물의 정수 기술, 우주에서 식량을 키우는 법, 우주 공간에서의 통신, 달 기지 건설에 필요할 수 있는 시멘트의 우주 환경에서의 화학적 반응 연구, 우주가 인간의 생식 기능과 DNA에 미치는 영향, 고립된 우주 환경이 인간 심리에 미치는 영향, 우주 환경에서 수면 문제, 우주에서 필요한 물품을 직접 제작하는 3D 프린트 기술 등 인류가 우주로 뻗어나가기 위해 필요한 지식을 얻게 되었다. 특히 우주는 지구와 매우 다른 환경이기에 지구에서 만들어진 소재와 장비는 우주 환경에서 검증이 필요한데 국제우주정거장이 이를 가능케 해 주었다.

지금 아르테미스 프로젝트를 추진할 수 있는 것도 이때의 탐사와 실험이 큰 기반이 된 것이다. 아르테미스 프로젝트는 미국이 주도한 국제 우주협력 프로젝트로, 달로의 귀환, 달 궤도를 도는 우주정거장(Gateway) 건설 그리고 달 표면에 유인 우주기지를 건설해 장기적으로 과학 탐사와 자원 탐사를 수행하는 것을 목표로 하고 있다. 달 우주기지는 지구의 남극기지와 유사한 역할을 하게 될 것이다.

이 국제우주정거장은 2030년경이면 제 역할을 마무리하고 퇴장할 예정이다. 그 자리는 상업용 민간 우주정거장이 대체하게 되는데, 그렇다고 해도 NASA와 기업들의 연구가 멈추는 것은 아니다. 또 상업용으로 건설된 우주정거장은 다양한 우주서비스의 터전으로 부상할 수도 있다. 그렇게 되면 우주 호텔도 들어설 수 있을 것이다. 어쨌든 우주정거장이 있으면 인간은 우주 공간에 계속해서 머물 수 있다. 이건 사실 굉장히 큰 의미가 있다. 이를 통해 우리는 달 탐사와 화성 탐사를 넘어 또 다른 세계를 향해 나아갈 수 있으니까 말이다.

이런 우주 탐사 외에 인류는 우주정거장에서 다른 많은 일을 할 수 있다. 최첨단 소재를 연구한다거나 3D 프린터를 사용해 지구에서는 중력 때문에 불가능한 인공장기를 만들 수도 있다. 과학자들은 살아 있는 조직을 인쇄하는 기술을 연구하고 있다. 중환자에게 이식할 장기가 부족한 현실의 대안을 찾고 있는 것인데, 우주가 그 훌륭한 대안이 될 가능성을 제공할 수 있다.

인공장기의 가능성뿐 아니라 특히 의학계에서의 관심이 두드러지는데, 중력이 약한 우주 공간이 암 등 각종 질병 치료제 개발에도 유리한 환경을 제공하기 때문이다. 이를테면 세포 내부 환경 조절 단백질 TMBIM은 오래전부터 과학자들이 주목해 온 물질이다. 그동안 관련해 많은 연구를 해 왔지만 아직 성과를 내

미세 조정된 로봇 손이 부착된 Canadarm2 로봇 팔. 국제 우주정거장이 아프리카 해안의 케이프 베르데 남쪽 대서양에서 259마일 궤도를 돌고 있다. [출처: wikimedia.org]

지 못하고 있었다. 이유는 '결정화'에 어려움이 있었기 때문이다. 결정화는 단백질 분자 구조를 구조화하고 정렬된 격자를 만들어 내는 과정인데, 단백질의 3차원(3D) 구조를 정확히 이해하기 위한 것으로 신약 개발에 필수 과정이라고 한다. 하지만 지구에서는 강한 중력 때문에 밀도 차이가 생기고 이로 인해 불균일한 결정이 생긴다. 하지만 중력이 거의 없는 우주 공간에서는 고른 결정을 얻을 수 있다. 우주가 신약 개발의 새로운 가능성으로 주목받는 이유 중 하나다. 앞으로는 지금보다 더 많은 기업과 국가기관이 우주에서의 신약 개발 사업에 뛰어들 것으로 예상된다.

욕망이 있는 곳엔 갈등이

우주군(Space Force)에 대해 들어 본 적이 있을 것이다. 2019년 미국은 우주가 국가 안보에 직결됨을 인지하고 우주군을 창설했다. 공군에서 우주 관련 업무를 보던 장병들은 우주군으로 소속 변경을 하도록 했고, 유튜브에는 우주군 신병을 모집하는 광고를 올리기도 했다.

우주군의 군복이 공개되어 사람들 사이에 회자되기도 했는데, 얼룩무늬를 한 우주복을 두고 칠흑 같은 우주에서 그와 같은 디자인이 과연 실효성이 있는가 하는 논란이 일었고, 일각에서는 영화 〈스타워즈〉 복장이 낫지 않겠느냐는 반응을 보이기도 했다. OTT 서비스 넷플릭스는 이 우주군을 소재로 2020년 시리즈물을 제작해 시즌 2까지 선보이기도 했다. 미국의 우주군은 우주 개발 스타트업을 장려하고 민관의 적극적인 협력을 통해 군 관련 우주기술의 개발을 독려하며 적극적 활동을 하고 있다.

현대의 군사 작전에서는 인공위성을 통한 정보가 핵심 역할을 한다. 러시아나 중국에서는 적국의 위성을 파괴하는 실험들을 하고 있기도 하다. 우크라이나-러시아 전쟁에선 인공위성이 적국 감시라든가 군사 정보 취득과 관련해 얼마나 유용한가가 드러났다. 이제 우주 개발, 우주 산업이 국가 간 갈등 요인이 되는 시대가 된 것이다.

1967년 우주 조약(Space Treaty)이 체결되었다. 이 조약에는 대한민국 포함 100여 이상의 국가가 서명을 했는데, 달이나 화성 등 외계행성을 어떤 국가도 독점적으로 소유할 수 없으며, 평화적 목적으로 우주를 사용해야 한다는 데 합의한 것이다.

그런데 최근 우주에 존재하는 자원이 지구의 자원 고갈과 환경오염 문제를 해결해 줄 대안으로 부상하면서 국가 간 분쟁이 발생할 여지가 커졌다. 또 민간 기업 참여가 본격화하면서 미국, 일본, 룩셈부르크는 자국의 기업들이 우주 자원을 채굴할 경우 소유권을 보호해 주는 법안들을 통과시키고 있다. 국제법상 국가나 기업이 달, 화성, 소행성 등 천체의 소유권은 주장할 수

2019년 미국은 우주가 국가 안보에 직결됨을 인지하고 우주군을 창설했다. [출처: wikipedia.org]

없으나, 채굴 자원은 소유 가능하다는 유권해석을 기초로 관련 국내법을 통과시키고 있는 것이다.

대한민국 정부도 우주 탐사 관련 구체적인 국내법을 제정해 국내 우주기업을 보호할 필요가 있다. 향후 국가 간 혹은 기업 간 우주 자원 소유권 문제가 발생했을 때, 어떻게 해소해 나갈 것인가에 대해 국제적인 논의와 협의가 필요한 시점이다.

수많은 인공위성을 경쟁적으로 쏘아 올리는 과정에서도 문제가 발생할 수 있다. 최근 IT 업계에서는 우주 인터넷 시장을 선점하기 위한 저궤도 위성통신 사업이 큰 이슈다. 일론 머스크의 스타링크는 이미 서비스 상용화를 넘어 고도화를 준비 중이다. 저궤도 위성통신은 지구 저궤도(LEO: Low Earth Orbit)에 위성을 군집으로 배치한 뒤 이를 이용해서 전 세계 통신망을 구축하는 사업이다. 그런데 위성이 안착하는 주차장 같은 궤도는 한정되어 있다. 이때 소유권 문제가 발생할 수 있다. 이것을 조절하는 과정에서 갈등이 생길 수 있다.

또 하나의 문제는 상당히 많은 양의 위성이 발사되면서 인공위성끼리의 충돌이라든가, 인공위성과 우주선의 충돌이 발생할 수 있다는 것이다. 이럴 때 법적, 경제적 문제를 어떻게 할 것인가. 그래서 국제 교류를 조율하는 국제법은 우주 영역으로도 확대되고, 우주 분야 전문 변호사들도 필요해질 것이다.

민간 기업들이 참여함으로 국가 간 갈등뿐 아니라 기업 간의 분쟁이 발생할 여지도 충분하다. 1972년 체결된 '우주 물체에 의하여 발생한 손해에 대한 국제 책임에 관한 협약'에서는 우주 물체로 인한 손해가 지구상에서 발생했거나 비행 중인 항공기에 대해 발생했을 때 발사국이 절대적으로 배상 책임을 지도록 규정했다. 기업체들이 만약 국제 규율을 따르지 않고 법을 어겨서 문제가 발생하면 그 책임은 국가가 지게 되어 세금으로 그 비용을 감당해야 한다. 각 국가는 사전 논의와 준비 작업을 거쳐 우주 관련 국내법과 국제법을 만들어 대비하는 것이 중요하다.

군사적 이용과 관련한 부분도 깊게 고민해 봐야 한다. 국제 분쟁이 발생했을 때 위성이 군사적 목적으로 악용되는 문제가 있을 수 있다. 2007년 중국은 미사일을 발사해 자국 기상 위성을 우주 공간에서 파괴했다. 의도적 인공위성 격추로 인해 와인잔이 바닥에 떨어져 깨진 것처럼 수많은 파편들이 생겨났고, 이 파편들이 총알보다 8~10배 속도로 날아다니며 우주의 안전을 위협하고 있다. 정상 비행체와 충돌하면 심각한 피해가 발생할 수 있다. 파괴된 인공위성 잔해들은 근지구를 돌고 있는 우주쓰레기의 상당 부분을 차지한다. 국제 사회의 군사적 긴장이 고조되면 이런 일들은 점점 더 많이 일어날 것이다. 아르테미스 협정 당사국들끼리는 상호 합의된 규칙 안에서 움직이겠지만,

그와 같은 체제에 동의하지 않는 국가들은 다른 선택을 할 수 있다.

‘쌍둥이 역설’을 아시나요?

오랜 시간 지구에서만 생활해 온 우리 인류에게 상식적으로 이해하기 힘든 자연현상이 있다. 관찰자의 속도나 중력의 크기에 따라 시간이 상대적으로 다르게 흐른다는 것이다.

지구에서는 어디에 거주하거나 지구가 끌어당기는 힘인 중력이 거의 일정하고, 시간의 차이를 발생시키는 아주 빠른 속도를 낼 수 없었기에, 인류는 100여 년 전까지만 해도 이를 감지하지 못했다. 1900년대 초반 천재 과학자 아인슈타인이 상대성이론으로 이를 예측했고 이후 수많은 과학실험을 통해 사실임이 증명되었다. 운전자에게 정확한 길 안내를 제공하는 GPS 인공위성은 거의 무중력의 우주 공간에서 빠른 속도로 지구로의 추락을 막으며 움직인다. 무중력 상태에서 빠른 속도로 움직이는 GPS 위성의 시간은 상대적으로 빠르게 흐른다. 반면 지구의 관측자의 시간은 상대적으로 느리게 흐른다. GPS 위성이 우리에게 정확한 위치 정보를 제공할 수 있도록 공학자들은 인공위성의 시간을 지구 표면에서의 시간보다 약간 느리게 프로그래밍해서 우주로 보낸다.

1996년 당시 32세로 미 해군 조종사로 복무하고 있던 일란성 쌍둥이 마크 켈리(Mark Kelly)와 스콧 켈리(Scott Kelly)가 NASA 우주인으로 발탁된다. 마크가 6분 먼저 태어난 형이다. 형제는 몇 번의 우주비행을 성공적으로 수행했다. 과학자들은 성장 배경과 유전적으로 매우 유사한 쌍둥이 우주비행사에 대해 관심을 갖게 된다.

2015년 NASA의 과학자들은 하나의 실험을 계획한다. 약 1년 동안 스콧은 지상으로부터 약 400킬로미터 상공의 무중력 공간에서 빠르게 움직이는 국제우주정거장에서 머물고, 마크는 지구에 머물게 된다. 과학자들은 우주 환경과 지구 환경의 차이가 쌍둥이 형제의 심리적, 신체적 변화에 어떤 영향을 주는지 알고 싶었다. 마크가 지구에서 340일을 지내는 동안, 우주정거장에서 지구를 5,440바퀴나 돌고 돌아온 스콧의 몸에는 어떤 변화가 있었을까? 참고로 우주정거장은 90분 정도마다 지구를 한 바퀴 돈다.

스콧이 지구로 돌아온 다음에 마크와 함께 인터뷰를 했다. 지구에 머물렀던 형 마크는 우주 공간에 머물렀던 동생 스콧보다 0.005초 더 나이 들었다고 웃으며 말했다. 사실 NASA가 이 실험에서 관심을 가지는 것은 시간지연에 대한 연구가 아니라 형제의 심리적, 신체적 변화다. 앞으로 달과 화성에 대한 인간 탐사가 본격적인 궤도에 오르면 우주인이 장기간 그곳에 머물러야 하고, 점점 우주로 나가는 인류는 늘어날 테니까, 우주인의 안전과 관련된 다방면의 문제를 상정하고 추적 관찰해 우주인을 보다 안전하게 보호하기 위한 장치를 마련하려는 것이다. 우주 환경이 동생 스콧에게 심리적으로, 신체적으로 지구에 머문 형 마크에 비해 부정적 변화를 가져왔다면 필요한 예방 조치와 치료법 그리고 효율적 운동 방법 등을 미리 구상해야 할 것이다.

두 형제의 인터뷰 중 거론된 시간지연 개념을 간단하게 설명하면 이렇다. 아인스타인의 특수 상대성 원리를 응용하면 다음과 같은 결론에 도달한다. 우리가 빛의 속도로 우주 여행을 한다면 지구의 가족과 지인들은 우리가 영원히 늙지 않는 것으로 관측할 것이다. 즉 우리가 노화하는 데 걸리는 시간은 지구의 관찰자 입장에선 무한대가 된다. 혹시 여러분이 수학의 극한을 공부했다면 아래의 간단한 공식으로 이를 확인할 수 있다.

$$\text{지구 관찰자의 시간} = \lim_{v \to c^-} \frac{\Delta t}{\sqrt{1 - v^2/c^2}} = \infty$$

여기서 Δt 는 우주 여행자가 경험한 노화의 시간이고, v 는 우주선의 속도이고, c는 빛의 속력 초속 30만 킬로미터이다.

수많은 천체 중에, 왜 달일까?

왜 과학자들은 수많은 천체 중에 달을 주목하는 걸까?

첫째는 과학적인 의미가 있다. 우리가 지구에서 남극에 가는 이유와 비슷하다. 지구 환경이나 그동안의 변화를 이해하는 데 있어서 남극에서의 과학적 관측이 큰 도움이 되듯이, 달이나 태양에 대한 탐사와 연구는 우리 지구가 속한 이 태양계를 이해하는 데 중요하기 때문이다.

둘째는 도전이라는 측면에서의 의미다. 우주 탐사라는 큰 도전을 함에 있어서 구체적인 목표를 설정할 필요가 있다. 목표가 구체적일 때 계획도 세울 수 있다. 필요한 것을 마련하고 부

아폴로 17호. 달을 도는 비행체의 유진 서난(Eugene Cernan). [출처: nasa.gov]

족한 것을 계속해서 채워 나가게 된다. 그렇게 인류는 목표를 달성하기 위한 도전을 이어 나가는 것이다. 달에 대한 탐사는 새로운 동기부여를 해 주는 중요한 기회를 제공한다. 그렇게 도전과 실패, 성취를 거듭하면서 인류는 과학과 기술의 도약을 이루어 왔다. 그것은 결국 지구에서의 삶에도 영향을 끼친다.

셋째는 경제적인 이유가 있다. 어쩌면 최근에 사람들이 가장 큰 관심을 가지는 부분인 것 같기도 하다. 한 예로 꿈의 에너지로 불리는 핵융합에너지를 생각해 보자. 핵융합에너지는 우라늄이나 플루토늄 핵이 분열하면서 내는 에너지를 이용하는 원자력발전과는 반대되는 물리 현상이다. 태양이 빛과 열을 내는 원리와 같아서 핵융합 장치를 인공태양이라고 부르기도 한다. 그런데 핵융합에너지가 꿈의 에너지로 불리는 이유가 뭘까? 핵융합이 바닷물에 풍부한 중수소(2H)와 흙에서 쉽게 추출할 수 있는 리튬을 이용해 생성한 삼중수소(3H)를 사용해서 온실가스나 고준위 방사성 폐기물의 배출이 없는 청정에너지라는 점 때문이다. 그런데 핵융합 발전을 위해서는 헬륨-3가 필요하다. 이 헬륨-3는 지구 환경에서는 구하기가 어렵지만, 오랜 시간 태양풍을 타고 우주로 방사된 헬륨-3가 달 표면에 퇴적되어 풍부한 것으로 알려진다. 지구는 지금 매우 심각한 기후위기 상황을 맞고 있는데, 그 주요 원인 중에 하나가 온실가스 배출이다. 그런데

이 헬륨-3를 달에서 채취해 핵융합에너지원으로 사용해 청정에너지를 만들 수만 있다면 지구 환경 보호에도 획기적인 일이 될 것이다.

또 희토류라는 원소가 있다. 그 이름이 생소할 수 있지만, 이 자원은 21세기 최고의 전략자원이라고 불릴 정도로 현대 산업에서 중요하다. 전 지구가 경쟁적으로 사용하고 있는 전자제품, 스마트폰 등 전자장비에 희토류가 많이 들어간다. 그런데 이 희토류가 달에 많이 매장되어 있다고 알려진다.

달 탐사에는 이제 단순히 우주 탐사나 호기심의 차원을 넘어 자원 획득이라는 경제적 이유도 있는 것이다. 달에서 우리가 필요한 자원을 채취해 올 수 있다면, 다른 소행성에서도 에너지 자원의 채취가 충분히 가능할 것이다. 달 탐사는 그 모든 것의 시작점이자 우주 탐사의 성공 여부를 판가름하는 기준이 될 수 있어 그만큼 중요하다. 또한 고갈되어 가는 지구 자원을 대체할 수 있고 채굴로 발생하는 지구 환경 오염을 막을 수 있는 이점도 있다. 반면 달에서 자원 채굴로 인한 환경 파괴를 막기 위한 국제적 안전장치의 마련도 선행되어야 할 것이다.

또 하나, 바로 달에서의 경험을 통해 인간이 우주 밖 다른 행성에서 오래 거주하는 방법들을 배우게 된다. 우주 밖에 존재하는 외계행성 중에는 인류가 향후 1만 년에서 100만 년까지 거주할 수 있는 환경을 지닌 곳이 많다. 인류학적 측면에서 우리 인류가 지구 밖에 거주하기 위한 첫걸음이 달 탐사인 셈이다.

아폴로 미션과 국제 협력 아르테미스 미션

과거 냉전시대의 대립은 우주에서도 치열하게 벌어졌다. 1957년 소련이 세계 최초로 인공위성 스푸트니크를 쏘아 올렸다. 연달아 달 탐사선 발사에도 성공하고, 1961년에는 소련의 우주비행사 유리 알렉세예비치 가가린은 최초로 2시간 남짓의 우주 비행에 성공했다. 미국은 소련의 질주에 자존심이 상했다. 당시는 이 우주 탐사도 정치 영역에 속해 국가 안보와도 밀접하게 관련되었다. 존 F. 케네디 대통령은 소련이 우주 탐사에서 앞서나가자 1960년대 말 인간을 달에 착륙시키겠다고 선언한다. 그 결과 아폴로 미션이 시작되고, 1969년 7월 닐 암스트롱(Neil Armstrong)

과 버즈 알드린(Buzz Aldrin)이 인류 최초로 달을 밟았다.

아폴로 11호가 성공을 하고, 아폴로 12호, 13호가 연달아 발사되었다. 12호는 달에 착륙하여 총 31시간 체류하면서 월석을 채집하고, 달의 지진, 태양풍 등을 관측하는 장비를 설치하여 그 관측 결과를 가지고 돌아왔다. 13호는 산소탱크가 폭발하면서 달에 착륙하지는 못하고 지구로 귀환했다. 우주경쟁(Space Race)에서 승리한 미국은 정치적 승리는 이루었으나 인플레이션을 감안해 2023년 현재 시세로 200조 원 이상의 국가 예산이 투입된 달 탐사 프로젝트를 지속하기가 힘들었다. 아폴로 미션은 1972년 NASA의 11번째 유인 우주선인 아폴로 17호 발사를 끝으로 종료되었다.

이제 미국은 새로운 달 탐사 프로젝트 아르테미스 미션을 준비하고 있다. 2017년 당시 미 대통령 도널드 트럼프가 우주정책 명령 제1호에 서명하면서 시작되었다. 아르테미스는 그리스 신화에서 아폴로의 쌍둥이 누이이자 달의 여신의 이름이다. 막대한 국가 예산이 들어가는 달 탐사를 실행하기 위해서는 국민의 관심과 공감대 형성이 중요한데 아르테미스 미션은 이전과 다른 방식을 채택하며 미 시민과 세계인의 호응을 이끌어 내고 있다. 과거 달에 착륙한 12명의 아폴로 우주인은 모두 백인 남성이었다. 2025년 아르테미스 미션을 통해 우주로 가는 우주인에

아르테미스 미션은 미국 주도의 국제 협력으로 이루어지는 장기 거주 인간 달 탐사 프로젝트이다. [출처: nasa.gov]

는 최초로 여성과 소수계 출신이 포함되었다.

그럼 아르테미스 미션은 아폴로 미션과 어떤 차이가 있을까? 아폴로 미션은 미국 단독의 단기 방문 인간 달 탐사 프로젝트인 반면, 아르테미스 미션은 미국 주도의 국제 협력으로 이루어지는 장기 거주 인간 달 탐사 프로젝트이다. 1967년 우주의 평화적 이용을 규정한 '우주조약'의 원칙을 토대로 작성된 아르테미스 협정은 2023년 12월까지 33개국이 서명했고 앞으로 더 많은 국가가 참여할 것으로 예상된다. 대한민국은 2022년 5월 10번째 국가로 아르테미스 협정에 서명했고 국제적 공조를 통해 달 탐사에 주도적 국가로 참여하고 있다. 한편 대한민국의 달 궤도선 다누리호는 달 남극의 물의 존재 여부 관측을 포함해 다양한 과학적 탐사를 통해 국제사회의 달 진출 노력에 큰 도움을 주고 있다.

아르테미스 국제 협약은 우주 공간에서 어떤 국가도 어떤 행성이나 천체를 소유하지 못한다는 것을 기본 원칙으로 한다. 인류의 평화적 목적을 위해 우주를 탐사한다는 것이 기본 토대다. 탐사할 곳을 미리 알려 사전 위험을 공유하고, 탐사 과정에서 위험이 발생하면 서로 구조하고, 어떤 장비를 만들 때도 상호 도움을 주고받는 등의 내용을 공유한다.

아르테미스 미션이 아폴로 미션과 가장 다른 점은, 아폴로 미션이 냉전시대의 국가 안보적 측면의 정치적 목적이 가장 큰 이유였다면, 아르테미스 미션은 과학기술 발전과 경제적 목적이 무엇보다 크다고 할 수 있다. 또 아폴로 미션은 단기 방문이었지만, 아르테미스 미션은 물이 있는 것으로 추정되는 달 남극에 영구적인 기지를 건설해서 장기 거주하는 것을 목표로 하고 있다. 역시 이를 이해하는 데는 지구에서의 남극 탐사가 도움이 된다. 남극은 사실 사람이 거주하기에는 척박한 환경이다. 하지만 많은 나라들이 그곳에 과학탐구 기지를 건설하고 연구원을 파견했다. 대한민국도 남극에 세종과학기지를 두고 연구원들을 보내 상주하면서 연구를 진행하도록 하고 있다. 아르테미스 미션이 구상하는 것이 바로 그런 것이다. 달에 연구기지를 짓고 그곳에서 장기 거주하면서 자원 탐사도 하고 우주 환경을 연구하면서, 2030년대에는 인간의 화성 탐사가 가능하도록 하는 것이 목표이다.

아르테미스 1호는 2022년 12월에 마네킹을 태우고 SLS(Space Launch System) 발사체에 탑재되어 발사된 오리온 우주선이 달 궤도를 성공적으로 돌고 돌아왔고, 2024년 11월에는 아르테미스 2호가 3명의 NASA 우주인과 1명의 캐나다 우주인을 태우고 달 착륙 없이 달 궤도를 비행하고 지구로 돌아올 예정이다. 1968년 12월 아폴로 8호가 달에 착륙은 하지 않고 궤도 비행

2022년 11월, NASA의 케네디 우주센터의 이동식 발사대. 오리온 우주선이 탑승한 NASA의 SLS 로켓이 보인다. [출처: nasa.org]

만 하고 지구로 돌아온 것과 유사하다.

2025년에는 아르테미스 3호가 인간의 달 착륙을 하게 할 것이다. 1969년 7월 달 착륙에 성공한 아폴로 11호와 역할은 유사하나 다른 점이 있다. 착륙 지점이 달의 남극, 착륙선은 스페이스X의 스타십이 될 예정이다. 4명의 우주비행사는 오리온 우주선을 타고 달로 향하고 달에 먼저 도착해 궤도를 돌고 있는 스타십과 도킹을 하고, 2명은 스타십으로 갈아탄 뒤 남극 달 표면에 착륙하게 된다. 달에 착륙한 2명의 우주비행사는 6박 7일 동안 탐사 활동을 벌인 뒤, 스타십을 타고 달 궤도로 진입해 오리온 우주선과 다시 도킹하고, 오리온 우주선으로 돌아와 지구 귀환 길에 오른다. 스타십은 달 궤도에 머문다. 1969년 3명의 우주인을 태우고 착륙선도 앞부분에 부착해 달로 향했던 아폴로 11호와 비교해 눈에 띄는 달 착륙 과정에서의 차이점이다. 이번에 달에 착륙할 2명의 우주인은 최초의 여성과 비백인이며, 그동안 NASA에서 보낸 달 착륙 우주인 12명이 모두 백인 남성이었다는 점과 비교해 이 또한 의미 있는 일이 될 것이다.

아르테미스 3호까지 성공하면 이제 아르테미스 4, 5, 6…호가 계속 발전된 미션을 들고 달을 오가게 될 것이다. 향후 미션에서는 지구 궤도를 돌고 있는 국제우정거장과 유사한 달의 궤도를 도는 달 우주정거장 루나 게이트웨이(Lunar Gateway)를 건설하고 달기지를 건설하게 된다. 축구경기장 크기로 많은 연구가 진행되고 있는 국제우주정거장에 비해 루나 게이트웨이는 버스 정도 크기로 규모가 상대적으로 작고 실험 장소로서보다는 지구에서 온 우주선이 정박하고 물자와 우주인을 달로 이송하는 공항의 역할을 할 것이다.

1998년 우주정거장 건설이 시작된 이래 20년 동안 한 번도 쉬지 않고 인류는 우주 공간에 계속 존재했다. 이제 달에 장기 거주하면서, 심우주 탐사를 위한 전초기지로서 역할을 해 나갈 달로 인류는 향하고 있다. 달은 지구 중력의 6분의 1밖에 되지 않으니, 지구에서 로켓트를 발사하는 것보다 훨씬 에너지를 덜 써도 되고, 달에서 거주하며 습득한 다양한 과학기술과 실험 결과들은 향후 심우주 탐사에 큰 도움이 될 것이다.

그런데 근원적으로 이런 의문이 들기도 한다. 인류는 왜 우주 탐사를 계속하는 걸까? 지구 탐사를 더 하고, 지구의 문제를 해결하는 데 몰두하는 편이 낫지 않을까? NASA는 우주 과학 탐사를 통해 지구를 더 이해하고자 노력한다. 과거 금성 탐사로 우리는 지구 온난화를 이해하게 되었고, 달과 화성 탐사를 통해 지구의 과거, 현재 그리고 미래에 대해 이해하게 될 것이다. 또한 NASA는 기본적으로 '안 해 본 것을 해야 한다'는 생각을 가지고 있다. 그럴 때만이 새로운 기술과 과학, 이노베이션이 가능하고,

이를 통해 축적된 과학기술은 국가 경제 발전에도 기여를 한다. 참고로 NASA는 우주 탐사와 관련 연구를 통해 산업계에서 사용 가능한 기술(spin off technologies)에 관한 보고서를 매년 발간하고 있다. 2022년 NASA 보고서에는 45개 기업이 NASA 기술을 사용해 오염된 토양의 독성 제거 기술, 기상 예보 관련 기술, 코로나 포함 바이러스의 공기 중 제거 기술 등 지구 환경과 인류 안전을 위해 필요한 기술을 기업들이 NASA로부터 인계받은 것으로 드러났다.

이제 달 경제권의 시대가 도래할 것이다. 과거 유럽 국가들은 전 세계를 항해하며 식민지 건설을 통해 경제 영토를 확대한 경험이 있다. 이제 인류가 달과 화성에 거주한다면, 지구-달-화성을 오가는 경제 영토의 확대가 이루어질 것이다. 지금까지는 지구로만 한정된 경제권이 우주로 확대되고 있다. 미 정부와 NASA는 미국 기업의 우주 탐사를 통한 경제 활동을 적극 지원해서 그런 변화를 행동으로 옮기고 있다. 한 국가의 경제가 내수시장과 더불어 국제 무역을 통해 확대되듯이 지구 경제도 우주에서의 경제 활동으로 더욱 확대될 것이다.

1960년대부터 시작된 인류의 우주로의 도전은 인류학적으로 보면, 인류가 그동안 지구라는 곳에만 존재했는데 우주 다른 공간의 지형에 존재하기 위한 첫 단추를 끼는 것이다. 지난

60여 년 인류의 이런 노력들은 후손들에게 더 넓은 세계, 새로운 가능성과 도전의 기회를 선사한다는 점에서 큰 의미가 있다.

지구의 미래가 그곳에 있다

인류의 기원과 관련해 가장 널리 받아들이고 있는 것이 아프리카 기원설이다. 현생 인류가 아프리카에서 시작되어 유럽, 중동, 아시아 등 전 세계로 퍼져 나가며 인류가 확장을 거듭해 왔다는 설로, 최근 들어서는 이 학설을 반박하는 논문들이 나오고 있기는 하다. 초기의 인류는 아프리카를 떠나 오늘날 전 세계에 퍼져 번성하게 되었다. 그 기원이 어떻게 되었든 드넓은 우주 공간에서 지구라는 이 작은 행성, 인류가 아는 역사와 문화 그리고 생활방식은 은하의 외곽 지역에 위치한 태양계의 한 행성, 이 지구에서 모두 이루어졌다. 하지만 21세기를 살아가는 우리들은 인류학적 측면에서 대이동을 준비하고 있다. 바로 지구 밖 우주로 향하는 것이다.

세계적인 천문학자 칼 세이건은 지구상의 모든 생명체, 특히 인간의 신체를 구성하는 탄소, 질소, 산소 포함 여러 원소는 45억 년 이전에 존재한 다른 별들이 생애의 마지막 순간 대폭발로 인해 만들어진 잔해들이라고 말한다. 어떻게 보면 우리의 기원은 우주라고 볼 수 있는데, 우주 탐사는 마치 우리 인류가 자신들의 기원, 어머니의 품으로 돌아가려는 노력 같기도 하다. 알래스카의 연어들이 태어나 태평양 너른 바다를 여행하고 다니다가 새로운 생명을 낳기 위해 다시 고향으로 돌아오는 것처럼 말이다.

자신이 태어난 곳으로 회귀하는 동물이 많다. 인류의 우주 탐사도 그런 개념 같다. 우리가 시작된 곳을 찾아 돌아가는. 달을 기초로 해서 다음 단계로는 화성으로 돌아가는 건데, 추측컨대 태양이 약 46억 년 전에 만들어졌고, 그 주위를 도는 먼지와 가스가 모여서 수성, 금성, 지구 그리고 화성은 약 45억 년 전 행성의 모습을 갖추어 갔을 것으로 보인다. 과학자들은 화성이 생성 초기에는 생명체가 거주 가능한 환경이었을 것으로 추정한다. 그래서 계속해서 화성을 주목하는 것이다. 인간 거주 면에서는 달보다 화성이 가능성이 더 높다고 주장하는 의견도 있다.

달에는 대기가 없지만 화성에는 지구의 1퍼센트 정도의 대기가 있다. NASA에서 2013년 진행한 메이븐(MAVEN) 프로젝트에 의하면 화성도 초기에는 지구처럼 대기도 있고 물도 있었는데, 35억 년 전부터 어떤 이유로 이것들을 상실하게 된다. 아마도 태양풍이 와서 대기를 소멸시켰을 것으로 보이는데, 이처럼 화성이 한때 지구와 같은 환경이었다는 것이 달보다는 인류가 장기 거주하기에 유리한 측면으로 꼽힌다. 그래서 NASA는 1976년 화성착륙선 바이킹을 선두로 2021년 화성 로버 퍼서비어런스까지 여러 차례 화성 표면 탐사를 진행하며 생명의 흔적을 찾고 있다. 또한 우리 지구와 유전적으로 흡사한 화성의 기후와 지질을 탐구함으로써 이 지구를 더 깊이 이해하고 미래를 예측할 수 있다. 왜 지구와 화성은 형제 행성이었는데, 하나는 죽은 행성이 되어 버렸을까. 2030년대 화성 인간 탐사는 그동안 과학적 탐사를 계승 발전시키고, 인간의 화성 거주 가능성에 대해 도전해 본다.

그럼 왜 바로 화성으로 가지 않고 먼저 달에 가는 걸까. 지구에서 달까지의 평균 거리는 약 38만 4,000킬로미터인 반면 지구에서 화성까지의 평균 거리는 약 2억 2,500만 킬로미터. 지구에서 화성까지의 거리는 달까지 거리의 약 585배이다. 화성은 거리가 멀어서 한 번 가려면 6개월에서 8개월이 걸리는데, 달은 그에 비해 짧은 시간 안에 갈 수 있다. 아폴로 11호의 경우 지구에서 약 3일 만에 달에 도착했다. 화성 인간 탐사는 지구에서 출발에서 다시 귀환할 때까지 빠르면 약 570일, 늦으면 약 1000일이 소요될 것으로 예상된다. 따라서 화성 인간 탐사의 성공을 위해선 달 탐사를 통한 충분한 경험 축척이 필요하다. 향후 달 거주와 화성 거주에 성공한다면 인류는 분명 우주 밖에서 계속 팽창해 나갈 것이다. 이 성패를 가늠해 볼 수 있는 것이 달과 화성의 인간 탐사에 달려 있다. 언젠가는 영화 〈아바타〉에 등장하는 엑소플래닛 같은 곳을 찾을 수 있을지도 모른다.

모든 별과 우리 태양은 자신들이 가진 에너지를 모두 소진하면 생을 마감한다. 지구의 모든 생명에 필요한 에너지를 공급해 온 태양이 삶을 마감하는 순간 지구에서는 더 이상 생명체가 존재할 수 없게 될 것이다. 하지만 너무 걱정하지 말자. 태양은 앞으로도 수십억 년 동안은 타오를 테니. 지구에서 인류가 생존하는 데는 나무와 동식물, 미생물 들이 필수적인 역할을 한다. 우리는 여기서 아이디어를 얻을 수 있다. 이런 것들을 우주 공간으로 옮길 수 있다면, 인간의 우주 거주 가능성이 한층 높아질 것이라는 것이다. 또 그 자체로도 지구 너머 세계로 확장해 가는 것이다. 동식물의 역사에서도 큰 의미가 있다.

그렇게 생명체가 옮겨가면 화성도 테라포밍(Terraforming)

화성 유토피아 평원의 얼음. 평원이 얼음으로 가득차 있다는 것은 향후 화성에 이주하겠다는 인류의 목표에 희소식이 아닐 수 없다. 다만 지구와 달리 화성의 얼음 성분은 50~85%가 물, 그리고 나머지는 먼지와 돌 성분의 혼합으로 추정된다. [출처: nasa.gov]

을 하기 위해서 대기권을 만들고 오존층도 만들지 모른다. 테라포밍은 칼 세이건이 1961년 금성의 테라포밍을 제안하면서 등장한 개념인데, '지구'를 뜻하는 '테라(terra)'와 '형성(forming)'이 합쳐진 단어다. 지구 외 행성이나 천체의 환경을 지구 생태계와 흡사하게 변화시켜 인간이 살 수 있는 환경으로 개조하는 작업을 말한다. 지구도 초기에는 우리와 같은 고등 생명체가 존재하기 힘든 환경이었지만, 이런 식물들과 동물들, 여러 생명체들의 유기적인 연결과 역학 속에서 고등 생명체로 진화하고 생존할 수 있는 환경으로 변한 것이다. 화성에서도 그럴 수 있는 가능성이 충분히 있다.

이제 사람들은 화성에서 살게 될 거라 믿기 시작했다

인류가 화성에 살게 되기까지는 상당히 많은 시간이 걸릴 것이다. 화성은 현재로서는 상당히 척박한 환경인 게 사실이니까. NASA는 아르테미스 달 탐사를 통해 충분한 과학기술력을 축적하고 2030년대 화성 인간 탐사를 계획하고 있다. 또한 2015년부터는 우주인이 화성에 갔을 때 착륙할 지점을 선정하는 작업을 시작했다. 착륙지는 생명의 흔적이 존재할 가능성이 높고 화성의 기후와 지질을 이해하는 데 도움이 되는 과학적 가치가 있는 곳이어야 한다. 또한 우주인이 생존하는 데 필요한 물, 식물 재배 가능 토양, 건축에 필요한 자갈과 금속이 존재하는 곳으로 한정하고 있다. 특히 화성에 가면 무엇보다 물이 필요할 테니까, 그와 관련한 연구도 여러 국제적인 우주 기관들이 협력해서 진행하고 있다.

지금 화성 이주와 관련해 큰 관심을 보이는 기관이 두 곳 있다. 대중적으로도 가장 많이 알려진 건 역시 일론 머스크의 스페이스X다. 일론 머스크는 100만 명 이주뿐 아니라 자신은 화성에 뼈를 묻겠다는 호언장담을 해 가며 우주 산업에 적극적인 투자를 하고 있다. 세계 최고 갑부 중 한 명인 일론 머스크가 그런 이야기를 했다는 건 주목해 볼 만하다. 스페이스X는 NASA의 기술력 지원과 국제우주정거장 물품 및 우주인 수송 계약으로 재정적 지원을 받으며 지금과 같은 기업으로 성장했다. 향후 몇 년 아니 몇십 년간은 화성으로 많은 사람들을 이주한다는 것이 현실적으로 어렵고, 따라서 그와 관련한 우주 운송 사업에서 수익을 낼 수 있는 구조는 아니다. 그럼에도 일론 머스크의 비전은 미국 사회가 우주에 관심을 갖고 적극적 투자와 도전을 해 나가는 데 긍정적 영향을 주고 있다. 특히 많은 젊은이들에게 영감을 주고 있다.

일론 머스크는 눈 앞의 이익이 아니라 먼 미래를 바라보고 있는 것이다. 플랫폼을 선점한다고나 할까. 초기에 한두 명이 스페이스X의 스타십을 타고 화성으로 향할 때는 비용이 보통 사람은 감당할 수 없을 정도로 비쌀 것이다. 하지만 이용자가 점점 늘어나면 비용은 점점 줄어든다. 그건 누구나 다 아는 시장원리다. 그때를 대비해 일론 머스크는 경제 규모(economy of scale)를 일단 키우는 것이다. 결국 점차 관련 경제가 커지면 이용자가 늘고 가격은 하락한다. 그때를 대비해 미리 압도적인 투자로 시장을 장악해 놓겠다는 것이 일론 머스크의 구상인 듯하다.

초창기 비행기의 발전 과정을 생각해 보면 이해가 쉬울 거 같다. 일론 머스크가 꿈꾸는 100만 명의 화성 이주는 2, 30년, 아니 100년 안에도 이뤄지기 힘들 수 있다. 하지만 결국 인류는 우주로 나아갈 것이고, 그런 일론 머스크가 꿈꾸는 미래는 언젠가는 분명 우리에게 닥칠 것이다.

그다음에 또 하나 중요한 곳이 비영리기구인 화성학회 TMS(The Mars Society)이다. 인간의 화성 탐사를 목표로 하는 민간 단체다. 로버트 주브린(Robert Zubrin)이 창설했는데, 그 역시 화성 이주에 관심이 매우 많다. 유타 사막에 설치된 MDRS(Mars Desert Research Station)는 가상 우주기지이다. 이곳에서는 토양 미생물 검출 실험, 태양에너지 조리 실험, 드론 정찰 및 지도 작성 등 인류가 화성에 도착했을 때 실제 수행할 연구들을 진행하고 있다. 참가자들은 야외 활동 시 우주복을 입는다. 밀폐된 공간에서 참가자들이 함께 생활하며 겪은 여러 상황에 대한 경험과 대처 능

스페이스X 최고경영자 일론 머스크는 스타십이 성숙 단계에 이르면 정기적인 화성 방문, 나아가 화성 개척이 가능하다고 주장한다. [출처: teslarati.com]

력은 향후 화성 탐사에 반드시 필요한 조건이다.

TMS는 1998년부터 국제컨퍼런스를 매년 개최하면서 화성 이주, 탐사와 관련한 연구 성과를 공유하는데, 화성에서 필요한 에너지, 병원 운영 같은 실질적인 이야기부터 우주 공간에서의 남녀평등, 정치적 문제, 문화적 측면 등 정말 다양한 분야를 다룬다. 스페이스X가 화성까지 이동하는 데 필요한 추진체, 그러니까 스타십 같은 운송 수단에 보다 큰 관심을 보이고 있다면 TMS는 실제 그곳에 일종의 신도시를 건설하고 거주할 때 발생할 수 있는 문제들에 관심을 가지고 있다. 그러니까 하나의 사회를 구성하고 그것을 유지하는 문제에 관심을 두는 것이다.

일론 머스크나 로버트 주브린의 이야기는 이제 아무도 그저 꿈이라거나 불가능한 상상으로 치부하지 않는다. 그것이 실현되기까지 시간이 100년, 아니 300년이 걸릴지 누구도 특정할 수는 없지만, 인류가 그들이 생각하는 방향으로 쉼 없이 나아갈 것이라는 것만은 확실하다. 이제 우주가 단순히 꿈과 희망을 실현하는 공간이 아니라 이 지구, 또 사업가에게 실질적으로 경제적 이익을 안겨 줄 수 있는 공간이라는 것이 속속 드러나고 있기 때문이다. 인류가 그곳으로 가야 할 이유가 보다 명확해진 걸지도 모른다.

인류는 거주가 적합하지 않은 척박한 환경이라도 의지가

있다면 그것을 개선하고 결국에는 살 수 있는 환경으로 바꾸어 내는 능력이 있다. 우주 공간 역시 지금은 거주하기 힘든 환경이지만 그것도 분명히 인간 친화적인 환경으로 만들어 낼 것이라고 점점 많은 사람들이 이제 믿기 시작했다.

양날의 검을 닮은 소행성

소행성은 우리 인류에게 양날의 칼 같다. 그러니까 긍정적인 면과 부정적인 면이 동시에 있는데, 칼은 잘 쓰면 매우 유용하지만 잘못 쓰면 다친다. 심한 경우 회복할 수 없는 중상을 입을 수도 있다. 그럼 소행성의 양날은 무엇일까? 일단 그 위험성부터 봐보자.

우리 태양계에는 상당히 많은 소행성이 떠다닌다. 그냥 그렇게 유유히 떠다니기만 한다면 아무 문제가 없지만, 이 소행성이 지구와 충돌할 가능성이 얼마든지 있다는 것이 문제다. 지구는 수십억 년 동안 수많은 소행성과의 충돌을 경험했고 지금도 소행성 충돌은 진행형이다. 매일 100톤 이상의 모래알 크기의 입자들이 중력으로 인해 지구 대기권에 진입하고, 평균 1년에 한 번 자동차 크기의 소행성이 지구 대기로 진입하는데 다행히도 지구 표면에 다다르기 전 대기와의 마찰로 인해 다 타 버린다.

평균 2000년에 한 번은 축구장 크기의 소행성이 지구와 충돌해 상당한 파괴를 일으킨다. 수백만 년에 한 번씩은 우리 문명을 위협할 정도 규모의 소행성이 지구와 충돌을 한다. 우주 공간을 떠돌아다니는 소행성은 끌어당기는 힘, 즉 중력을 지닌 지구, 달, 화성과 오랜 기간 충돌해 왔고 달과 화성의 수많은 움푹 파인 분화구가 그 증거들이다.

질량이 큰 물체가 빠른 속력으로 움직이는 물체와 충돌하면 충격이 크다. 소형차가 충돌하는 것과 덤프트럭이 충돌하는 것은 그 파괴력에서 어떤 차이가 나는지 우리는 잘 알고 있다. 그런데 자동차의 속력과는 비교도 안 되는 빠른 속력으로 자동차와는 비교가 안 될 정도로 규모가 큰 소행성이 만약 지구와 충돌한다면 핵폭탄을 수백억 개 터트리는 만큼의 위력을 보일 것이다. 이 문제는 실제 인류의 생존과 밀접하게 관련되기 때문에, 유엔 차원에서도 관심을 가지고 있고, NASA뿐 아니라 세계 각국이 주의 깊게 살피고 있다. 대한민국 역시 한국천문연구원에서

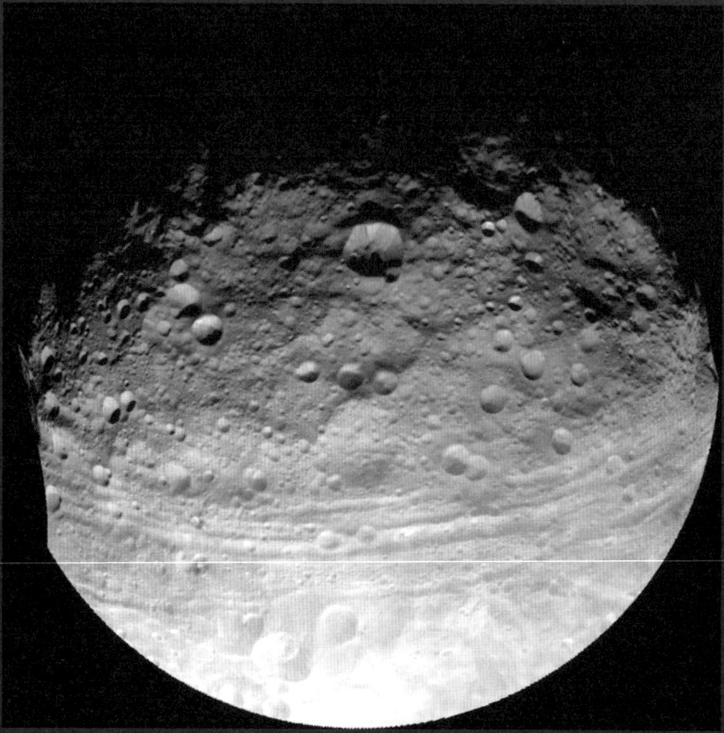

소행성 베스타(Vesta). 던 우주선이 2011년 7월 24일 찍은 것으로 적도에 평행한 다양한 크기와 홈의 충돌 분화구를 볼 수 있다. [출처: nasa.gov]

매년 우리와 충돌 가능성이 있는, 또 큰 해를 끼칠 수 있는 위험한 녀석들을 예의주시하고 있다. 마치 범죄 가능성이 높은 사람들의 재범을 막기 위해서 그들을 추적 관찰하는 것처럼, 소행성을 관찰하고 있다.

6600만 년 전 지금의 멕시코 유카탄반도에 거대한 소행성이 떨어졌다. 약 9.6킬로미터에 달하는 거대한 소행성이 충돌해 백악기 말 공룡을 비롯한 당시 지구 생명체의 약 70퍼센트가 사라졌다. 달에도 분화구가 많은데, 소행성들이 충돌했을 때 생겼을 것으로 보인다. 지구에도 그런 분화구들이 생겼겠지만 지구에는 물이 많아 풍화 작용을 통해서 그런 부분이 대부분 보이지 않게 된 듯하다. 과학계에서는 지구의 물과 유기물들 역시 이 소행성 충돌 당시 지구로 유입되었을 것이라는 하나의 가설을 가지고 있다.

NASA에서는 2022년 9월에 일종의 지구 방어 실험이라고 할 수 있는, 소행성 궤도 변경 실험을 진행해 성공을 거두었다. 지구와 부딪힐 가능성이 높은 코스에 있는 소행성에 우주선을 충돌시켜 궤도를 바꾸는 실험이다. 이 실험의 성공으로 우리는 소행성으로부터 지구를 방어하는 전략도 수립할 수 있게 되었다. 그나마 향후 궤도를 예측할 수 있는 소행성에 대해서는 대책을 세울 수 있게 된 것이다. 물론 궤도를 예측할 수 없는 경우도 있고, 예상보다 덩치가 너무 커서 우주선 충돌 같은 방식으로는 감당이 안 되는 소행성이 있을 수 있지만, 장기적으로는 그에 대응하는 방법 또한 마련할 수 있을 것으로 기대한다.

그럼 소행성의 긍정적인 면은 무엇이 있을까? 미국 금융회사 뱅크오브아메리카(Bank of America)는 화성과 목성 사이 소행성대(Asteroid Belt)에서 군집하고 있는 100개 이상의 소행성의 경제적 가치를 대략 추정하였다. 총 소행성에 매장된 자원의 값어치는 80억 인구 개개인에게 미화 875억 달러씩 분배할 수 있는 액수로 산정했다. NASA 역시 이 주장에 대해 동의를 표한 적이 있다. 물론 실제 가 보고 탐사를 진행해 봐야 의미 있는 자원이 어느 정도인지 실질적인 값어치를 책정할 수 있겠지만, 지금까지의 탐사 결과만으로도 상당히 유용한 자원들이 소행성에 다량 매장되어 있다는 것은 확실한 것으로 보인다.

또 소행성은 우주 탐사 과정에서도 유용한 역할을 할 수 있다. 우주를 많이 다니게 되면 우주 공간에서 필요한 자원 중에 하나가 물이다. 일본의 우주 탐사국(JAXA)은 근지구 소행성 탐사로 두 차례 표본을 지구로 갖고 돌아와 분석한 결과 물의 흔적을 발견했다. 심우주 탐사에서 물(H_2O)은 우주인들의 식수이자 우주에서 농작물 재배에 사용될 수 있고, 산소(O)와 수소(H)로 분리해서 산소는 우주인에게 필요한 공기로 사용하고, 수소는 수소차

연료처럼 우주선의 연료로 사용할 수 있으며, 산소 역시 로켓 추진체의 연료로 사용할 수 있다. 장기적으로 우주에서 활동이 많아지면 우주에도 지구의 주유소 같은 시설이 필요할 텐데, 이때 소행성의 물이 중요한 자원이 되는 것이다. 벌써 우주정거장에는 많은 배송이 이루어지고 있다. 배송 대상에는 우주인도 있지만, 우주선, 인공위성, 로버 등 다양하다.

지구에서는 자원 채굴 과정에서 많은 환경오염 문제를 발생시킨다. 만약 이런 자원 채굴이 우주에서 이루어지면 환경문제들로부터 우리는 좀더 자유로워질 수 있을 것이다. 물론 그것이 우주 환경에 어떤 영향을 끼칠지에 대한 문제도 함께 연구해야 한다.

일단 소행성 탐사는 기계 탐사가 먼저 이뤄질 것이다. 로보트닉(Robotnik), 그러니깐 로봇 광부들이 필요해질 것이다. 하지만 이때 조심해야 할 것이 있다. 우리는 지난 몇 년간 코로나19 사태를 겪으면서 인류가 면역력을 갖추지 못한 어떤 바이러스를 만났을 때 인간이 얼마나 취약한가를 경험했다. 이 팬데믹은 인류 역사에서 오랫동안 기억될 것이다. 우주 탐사 과정에서도 충분히 그런 가능성이 있다. 인류가 면역을 가지고 있지 않은 박테리아라든지 바이러스가 우주에서 채취한 자원과 함께 지구에 유입된다면 상당히 위험한 상황이 벌어질 것이다. 우리는 이미 익

숙히 알고 있다. 수입 과정에서 어떤 외래종이 들어와 토종 생태계를 교란하고 파괴하는 일들을 말이다. 과거 아메리카 대륙에 유럽인들이 처음 왔을 때, 유럽인은 면역이 있었지만 선주민들은 면역이 없었던 균들도 함께 들어왔고, 그것이 퍼져 많은 사람이 희생되었다. 그래서 어떤 물건, 자원, 생물이 외부로부터 유입될 때는 각별히 주의해야 한다. 충분히 멸균처리를 하고 안전성이 확인된 다음에 들여와야 한다.

태양이 종말을 고한 후에도 지구는 살아남을까?

태양은 우리 태양계에서 스스로 빛을 내는 유일한 천체다. 태양이 없다면 우리 태양계에는 빛도, 온기도, 생명도 없을 것이다. 태양열은 우리 태양계에 존재하는 지구 포함 모든 행성, 소행성, 달 그리고 혜성의 환경에 큰 영향을 준다. 놀라운 사실은 태양이 만들어 내는 엄청난 에너지의 양이다. 태양은 1초 동안 우리 인류가 60만 년 이상을 생존하는 데 필요한 에너지를 만들어 낼 수 있다. 그러면 태양은 어떻게 이 많은 에너지를 만들어 내는 것일까? 간단히 말해 태양은 수소로 채워진 아주 큰 둥근 천체이다. 강하게 끌어당기는 중력으로 인해 태양의 내부는 매우 높은 압력으로 밀도가 높아져서 수소 원자들이 충돌하고 합쳐져 헬륨 원자로 탄생하게 된다. 이 과정을 핵융합이라고 한다. 핵융합은 많은 에너지를 외부로 방출하고 연쇄반응을 일으켜 핵융합이 지속적으로 반복된다. 지난 45억 년 동안 태양은 이 과정을 통해 우리 태양계에 빛을 선사해 왔다.

태양은 수소 원자핵에서 핵융합 반응이 일어나면서 빛과 에너지가 나온다. 태양 중심부 핵에서는 수소 원자들이 높은 온도와 압력으로 결합하여 헬륨 원자로 합쳐지면서 엄청난 양의 에너지를 전자기파의 형태로 방출한다. 태양은 그 거대한 질량으로 인해 강한 중력이 작용하고, 중력으로 인해 전기력을 이겨내고 핵융합 반응을 할 수 있게 된다. 중력과 핵융합의 싸움이 벌어지고 있는 것이다. 물체를 안으로 끌어당기는 힘과 밖으로 나가려는 핵융합에너지의 강한 압력이 균형을 이루어 태양은 자신의 둥근 모습과 크기를 오랜 기간 유지해 오고 있다.

이 힘의 균형은 영원히 유지될 수 있을까? 결론부터 말한다면 그렇지 않다. 태양을 포함한 모든 별은 한정된 양의 수소를 지니고 있다. 핵융합에 필요한 수소가 모두 소진된다면 태양의 운명도 끝을 맞이할 것이다. 태양의 나이 이제 45억 년 정도가 되었고, 약 50억 년 동안 태울 수소를 지니고 있는 것으로 과학계에서는 예측하고 있다.

만약 태양의 연료가 모두 다 타 버리면 어떤 일이 벌어질까? 태양은 다른 별들이 그래 왔듯이 죽음의 여정을 밟을 것이다. 태양의 생명이 끝나 갈 무렵쯤 적색거성 단계에 들어서면 지금 태양보다 2000배 밝은 빛을 내다가 차가워지면서 연료를 다 태워 버릴 것이다. 뭔가 모순적으로 들리지만 차가워지면서 퉁퉁 붓는다고 할까. 이 상태가 되면 수성과 금성, 아마도 지구까지 태양이 팽창할 것이다. 1AU(Astronomical Unit) 정도까지 뚱뚱해져 결국 지구를 삼켜 버리는 크기가 된다(참고로 AU는 지구와 태양과의 거리를 표현하는 단위인데, 1AU는 약 149,600,000킬로미터이다. 대략 1억 5000만 킬로미터).

그때가 되면 지구는 당연히 생존하기 힘들 것이다. 그럼 지구의 생명이 끝나면 우리 인류도 함께 끝나는 걸까? 지구는 우리 인류의 고향이고 삶의 터전이다. 인류뿐 아니라 수많은 동식물의 편안한 거주지이기도 하다. 수억 년 후에 태양은 현재보다 더 많은 에너지를 외부로 방출할 것으로 예상된다. 그러면 지구의 온도 상승으로 인해 태양이 소멸하기 전에 생명체가 거주하기 힘든 환경으로 변할 것이다. 지구 그 형상 자체는 건재하겠지만, 이미 생명은 살 수 없는 불모지가 되는 것이다.

인류는 그런 상황이 닥치기 전에 어쩌면 화성으로 거주지를 옮겼을지도 모르겠다. 그래서 우리가 화성에 대해 관심을 갖는 것은 매우 중요하다. 꼭 화성이 아니더라도 다른 외계행성,

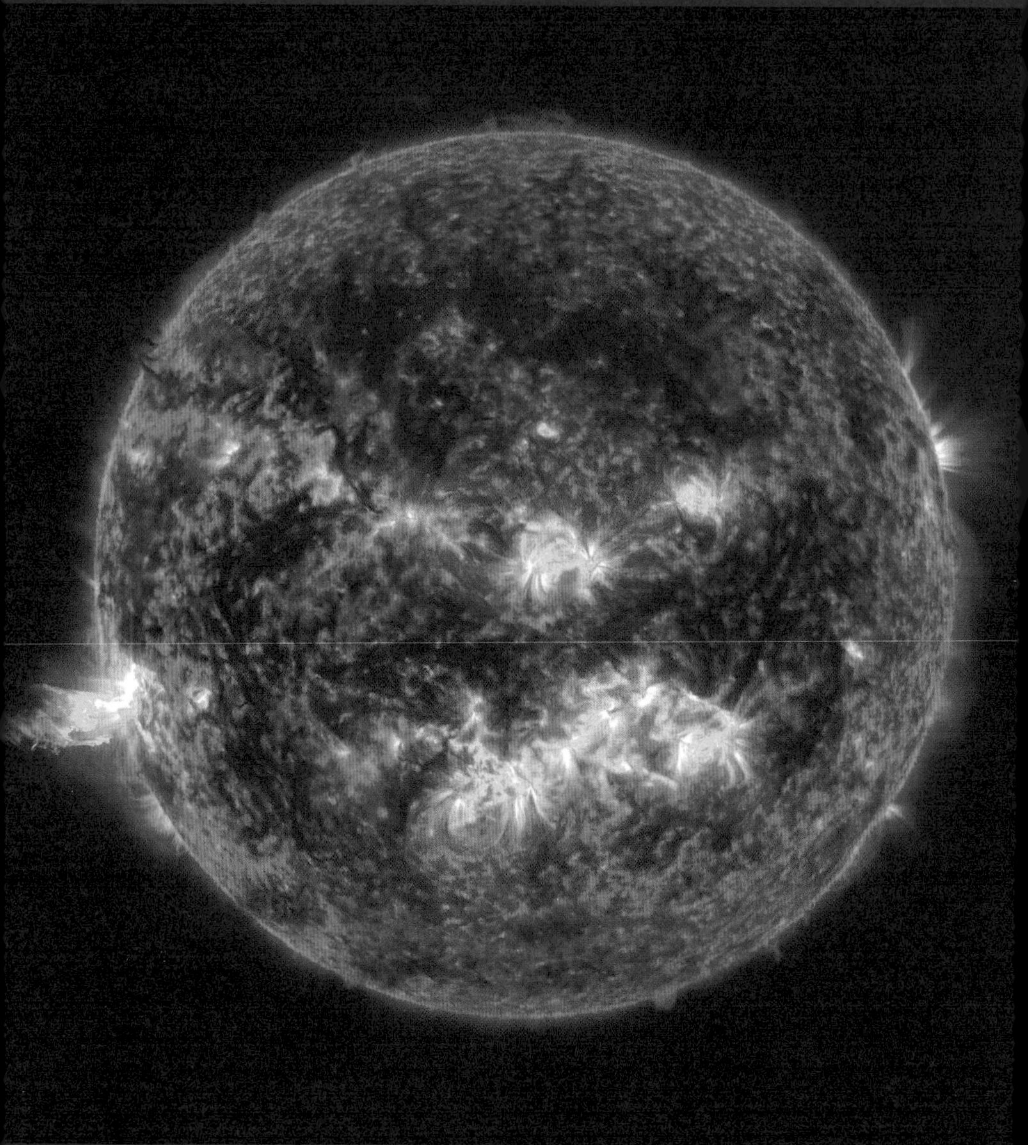

태양이 태어난 지 45억 년 정도가 되었고, 약 50억 년 동안 태울 수소를 지니고 있는 것으로 과학계에서는 예측하고 있다. [출처: nasa.gov]

다른 별 중에 거주가 가능한 곳을 찾아야 한다.

너무 허황된 이야기 같은가? 그럼 가까운 300년 전을 생각해 보라. 그때의 인류가 지금 2023년 현재의 문화 활동이나 스마트폰, 하늘을 날아다니는 일, 국경을 넘나드는 소통, TV 같은 것을 상상할 수 있었을까? 그때 이런 것들을 이야기하는 누군가가 있었다면 그들은 뭐라고 했을까? 당신은 3000년, 3만 년, 10만 년 뒤에 우리 후손들이 어떤 세상을 살아갈 거라고 예측하는가? 막연하게 우리보다 훨씬 고도로 발달된 세상을 살아갈 것이다 정도만 생각하지 않을까. 예측 불가다. 그저 논리적 추론을 해 볼 뿐이다.

NASA는 우리 은하계에만 수십억 개의 외계행성이 있을 것으로 추측하고 있고 5,000개 이상의 외계행성을 관측했다. 이 중 60여 개가 생명 거주 가능한 환경을 지닌 외계행성으로 판단되고 있다. 외계의 문명과 소통을 하기 위해 노력해 온 단체 SETI는 우리 은하계에만 3억 개의 생명 거주 가능한 외계행성이 존재할 것으로 예측한다. 허블 우주망원경을 통해 우리는 관측 가능한 우주 공간에 약 100조에서 200조 은하계가 존재할 것으로 예상한다. 외계행성들은 우리들로부터 최소 몇 광년 떨어진 거리에 위치하기 때문에 지금의 기술 수준으로는 갈 수 없다. 하지만 수학적으로 계산하면 불가능한 이야기는 아니다. 충분한 가속을 할 수 있는 기술을 습득한다면 우리 후손들은 광년의 거리를 이동할 수 있다. 영화 〈인터스텔라〉에서처럼 웜홀을 통한 이동도 시도할 수 있다. NASA의 외계행성 관측 미션 테스를 운영하는 MIT의 과학자들은 우리 인류가 영화 〈인터스텔라〉처럼 처음 방문할 외계행성은 그들이 찾은 곳 중 한 곳이 될 것이라고 말하고 있다. 아직은 실현이 힘든 논리이기는 하지만 말이다.

그렇다고 해서 우리가 지금의 잣대로 미래의 가능성을 예측하고 한계 짓는 잘못을 범해서는 안 된다. 우리는 지금 이 시점에서 우리가 할 수 있는 일들을 해 놓으면 된다. 선조들이 불과 도구를 사용하는 방법을 깨달아 그들의 후손인 우리들이 현대 문명을 만드는 데 기초가 되어 주었다. 21세기를 살아가는 우리들이 우주 탐사와 관련해서 기초 작업들을 해 놓는다면, 후손들이 오늘날의 난제들을 하나하나 풀어 가며 인류가 우주로 나아가고 새로운 행성에 정착해 살아가는 방법을 찾아낼 수 있을 것이리라 생각한다.

그럼 지구에 위험이 닥쳤을 때 그동안 인류와 함께해 온 동식물들도 구할 수 있는 방법은 없을까? 태양의 소멸과 관련해 한 가지 생각해 볼 수 있는 게 있다. 태양이 연료가 떨어지지 않고 계속 존재한다면 지구도 영구히 보전할 수 있을 것이다. 그렇다면 태양에 수소를 계속 공급해 주는 방법을 찾아보면 어떨까?

태양이 계속 탈 수 있게 말이다.

인류는 척박한 환경을 개척하며 오늘날 성공적 문명사회를 이루어 왔다. 인류의 손이 닿는 순간 자연적 순리는 변화가 가능함을 역사는 증명하고 있다. 몇백 톤의 무게가 나가는 비행기라는 물체가 하늘을 나는 것은 자연에서는 불가능하다. 수천 킬로미터 떨어진 두 사람이 바로 옆에서 이야기하듯 화상으로 소통하는 것 또한 자연적 현상이 아니다. 하지만 현대인들은 과학기술 혁신을 통해 자연적 현상을 뛰어넘는 기적을 만들어 가고 있다. 우리 후손들은 다른 별들과 연결을 해서 그곳에서 계속 수소를 우리 태양에 공급하는 방법을 찾을 수도 있지 않을까?

Part 2

Space Economy

우주 경제 시대의 개막

그곳엔 별보다 많은 기회가 있다

별빛 너머의 핫플레이스

저 멀리 은하계에서 태양계를 바라보면 우리가 우리라고 부를 수 있는 외연을 최대한 확장해도, 우리라는 그 존재는 너무나도 작다. 인간의 우주 탐사는 아직도 척박하고, 고되며, 가야 할 길이 멀다. 인류의 숙명이다. 하지만 그 위대한 도전의 발걸음은 지금, 인류의 역사상 그 어느 때보다 숨 가쁘다. 가슴 벅차다. 특히 우주 탐사 분야에서는 퀀텀 점프(Quantum Jump)가 이루어지고 있다. 기술 혁신을 통해 비약적 성장을 하고 있는 것이다.

우주에서 매일매일 새로운 소식이 들려오고, 사건이 발생하고, 사람들이 환호하고, 누군가는 경외하며, 또 누군가는 기막

힌 기회를 잡기 위해 고군분투 중이다. 저 우주에 새로운 콜럼버스와 새로운 스티브 잡스, 제2의 증기기관과 제3의 인공지능이 출현할 것이다.

전직 NASA 직원이 2021년에 설립한 신생 스타트업 퀀텀스페이스(Quantum Space)는 달 근처에서 인터넷 기능을 제공하고 데이터를 수집하며, 우주선 급유, 우주 구조물 조립, 망가진 우주선 수리 등 다양한 작업을 수행할 수 있는 로봇도우미 함대를 만드는 것을 목표로 한다. 새로운 우주 경제 시대에 필요한 서비스를 예측하고 준비하고 있다. 이 스타트업의 설립자 겸 CEO인 스티브 주르치크(Steve Jurczyk)는 NASA 행정관을 지냈고 바이든 정부 들어서는 백악관에서 일하고 있다. 그는 NASA가 아르테미스 프로젝트 등 다시 달 탐사에 주목하고 있는 점을 언급하며 앞으로 달 주변에서 많은 활동이 있을 것으로 예측하고 그때 필요한 서비스를 구상하고 있다. 아울러 민간 우주 경제가 발전하면 국가 안보 문제도 자연스럽게 떠오를 것이므로 우주군 또는 기타 군사기관을 잠재 고객으로 상정한다고 한다.

달에 유인 우주선 착륙과 달 남극 부근에 우주기지 건설을 목표로 하는 아르테미스 프로젝트에는 미국 주도로 우주의 평화로운 공유를 지지하는 국가들이 참여하고 있는데, 이 프로젝트 참여국은 앞으로 늘어날 가능성이 크다. 여기에 참여하는 여러 나라들에겐 다양한 서비스가 요구된다. 자연스럽게 서비스를 구매할 마켓에 대한 수요가 강해질 것이다. 퀀텀 스페이스는 이를 대비해 마켓을 구상하고 그와 관련한 투자도 받아낸 것으로 알려져 있다.

우주 산업에서 '퍼스트 무버(first mover)'가 되겠다는 포부를 가지고 성큼성큼 걸음을 내딛는 기업이 점점 늘고 있다. 과학기술 경쟁이 더 치열해지고 우주 경제는 비약적 성장을 할 것으로 보인다. 무한한 자원과 무한한 거주 공간이 있는 우주의 경제 규모는 자원도 제한되고 공간도 제한된 지구에서의 경제 규모를 가뿐히 뛰어넘을 것으로 보인다.

주르치크가 예상했듯, 지구와 달 사이에 이전과는 비교할 수 없을 정도로 많은 활동이 이루어질 것이다. 달은 그야말로 우주 탐사의 전초기지 역할을 할 것이기 때문이다. 인류가 거주할 수 있는 새로운 행성에 대한 탐사뿐 아니라 지구의 환경과 에너지 문제를 해결하기 위해 필요한 정보를 관측하고 수집하고, 또 지금까지 풀지 못한 지구의 미스터리를 풀어내기 위한 소중한 발견이 이루어질 것이다. 그 밖에 과학적이고 기술적인 요구들을 충족하기 위한 다양한 활동이 전개될 것이다. 연료 공급망을 갖추고, 우주를 여행하는 인류를 위한 서비스 산업이 형성되는 또 하나의 경제권이 만들어질 것이다. 미국 기업들은 벌써부터

NASA의 아르테미스 프로그램을 3D로 구현한 가상의 이미지. 앞으로 지구와 달 사이에서는 이전과는 비교할 수 없을 정도로 많은 활동이 이루어질 것이다.

그 시장의 주도권을 잡기 위해 길을 닦고, 생태계를 만드는 작업을 차근차근 해 오고 있다.

미국 정부는 우주 분야에 관한 장기적인 비전을 갖고 있다. 우리가 주목해야 할 점이 바로 이 점이다. 당장 눈앞의 10년 동안 무엇을 생산해서 수익을 창출해 먹고살 것인지를 고민하는 것도 필요하지만, 정작 더 중요한 것은 당장의 수익을 뛰어넘는 20년, 30년, 100년을 주도하는 성장 동력을 마련하는 것이다. 우주 관련 분야 기업이 성장할 수 있는 토대가 마련될 수 있도록 국가가 장기적 안목과 구체적 전략으로 지원해야 할 때다.

대한민국 우주 경제가 글로벌 우주 경제에서 차지하는 비중은 1퍼센트 수준에 불과하다. 최근에 대한민국 정부는 2040년까지 그 비중을 10퍼센트까지 올리겠다는 포부를 밝혔다. 경제에서도 중요한 것은 트렌드를 읽는 것이다. 2000년대 초기에는 인터넷과 온라인 경제가 이렇게 거대해질 줄 누가 예상할 수 있었겠는가.

경제는 앞으로 또 다른 사회 변화 속에서 그 활동 영역이 지구를 넘어 우주 공간으로 확장할 것이라는 전망은 의심의 여지가 없어 보인다. 물론 100년 사이에 우주 경제가 얼마나 확대될지 정확히 예측하기는 어렵지만, 포기하지 않고 도전하는 인류가, 그다음 100년, 그다음 1000년, 어쩌면 1만 년 뒤 지구를 뛰어넘어 우주 여러 곳에 정착한 모습을 상상해 보라.

우주 경제는 이미 시작되었다. 도처에서 생태계가 만들어지고 있으며, 시장의 헤게모니를 장악하기 위한 세계 각국의 싸움도 치열하다. 대한민국도 국가 미래 발전을 위해 적극적으로 우주 생태계를 만들어 나가야 한다. 그 생태계 안에서 국내의 우주 산업이 무럭무럭 자라날 수 있도록 유기적인 지원을 서둘러야 할 것이다. 외부의 변화에 흔들리지 않고, 대한민국의 비전이 담긴 선명한 로드맵 속에서 정부와 기업이, 학계와 시장이 서로 교류하고 나아갈 때, 대한민국의 우주 산업은 국가의 미래 성장 동력으로 굳건하게 뿌리내릴 것이다.

스페이스 비즈니스를 선도하는 '퍼스트 무버들'

4차 산업 시대에는 무엇보다 위성 통신망 구축이 중요하다. 수많은 정보를 처리하고, 그 정보로 서비스를 제공하는 데에는 인공위성이 필수적이다. 현재 인공위성을 발사하는 일은 전 세계적으로 널리 알려진 우주 개발 업체 스페이스X가 압도하고 있다. 스페이스X는 위성을 통한 초연결 통신 프로젝트인 스타링크를 추진하고 있는데, 이는 근지구상에 설치한 위성을 활용하여 지구 전 지역에서 인터넷 통신이 가능하게 하는 기술이다. 스페이스X는 이를 위해 4만 2,000여 기의 위성을 배치해 군집 운영할 계획이다.

플로리다 케이프 커내버럴의 케네디 우주센터. 저 멀리 스페이스X의 발사대가 보인다. 스페이스X는 2031년까지 4만 2,000여 기의 위성을 발사할 계획이라고 한다.

위성을 통한 서비스가 초기에는 광케이블에 비해 경쟁력이 약하겠지만 장기적으로는 점점 나아질 것이다. 산악 지역이라든지 보수 유지 같은 면에서 유리한 점이 상당히 많다. 어떤 기업이 큰 그림을 그릴 때는 그런 장기적 안목을 갖는 것이 중요하다. 단기적으로는 약하지만 장기적으로 유리한 측면이 큰 것을 바라볼 수 있어야 한다. 초기에는 비용이라든가 기술적인 한계라든가 하는 장벽 때문에 경쟁력이 약해 보일 수 있다. 하지만 가능성을 바라보는 게 중요하다.

기술적 한계 때문에, 비용 때문에 지금은 실행하기 어려운 프로젝트들도 시간이 지나면 기술은 발전하고 관련 기술의 비용도 감소하게 되기에 실행 가능해진다. NASA는 하나의 프로젝트가 제안되었을 때 기술적 한계와 자금의 제약으로 추진하기 힘들 경우 충분한 시간을 갖고 철저한 준비로 성사시킨 경험을 많이 갖고 있다.

NASA뿐 아니라 우주 산업에 도전하는 수많은 스타트업들은 당장에 눈에는 보이지 않는 가능성을 바라보는 것이다. 지금 시작하는 일이 불가능한 미션처럼 보일지라도, 우주정거장을 짓고 로켓을 쏘아 올리고, 그와 관련된 인프라를 갖추는 작업을 차근차근 해 나간다. 실패를 거듭하면서도 이들은 앞으로의 10년 후 아니 그보다 훨씬 더 먼 미래를 바라보고 나아가고 있다.

이른바 선진국들이 잘하는 지점이 바로 여기에 있다. 지금 당장 돈이 안 되더라도, 기술 증가와 비용 절감이라는 시간의 함수로 봤을 때 비용 절감과 수익 창출은 반드시 다가오는 미래라는 것을 믿는 것이다.

한국의 발사체 스타트업으로는 이노스페이스와 페리지에어로스페이스가 대표적이다. 이노스페이스는 국내 기업으로는 처음으로 고체 연료와 액체 연료를 병합한 하이브리드 엔진을 장착한 발사체를 브라질 우주센터에서 발사하는 데 성공했다.

스타트업 생태계가 탄탄한 미국은 두말할 나위가 없다. 발사체, 위성, 위성서비스를 넘어 우주 탐사까지 다양한 분야에서 참신한 아이디어를 무기로 외부 투자를 받아 사업화에 나선 기업들이 속속 등장하고 있다.

근지구에 인공위성을 발사해 서비스를 하려는 기업은 계속해서 늘어날 것이다. 자율주행, 인터넷, 모든 것이 연결되는 IoT, 하늘을 나는 도심 비행차 등 4차 산업혁명을 위해서는 상당히 많은 데이터 처리 능력이 필요한데 이에 필요한 것이 근지구에 떠다니는 인공위성이다. 앞으로 20~30년 이내에 이 근지구 인공위성 서비스가 산업에서 핵심적인 경제 성장의 동력이 될 것이다. 우주 여행과 우주 자원 개발은 그 이후 경제 성장 동력으로 자리 잡을 것으로 예측한다.

앞으로 20~30년 이내에 이 근지구 인공위성 서비스가 산업에서 핵심적인 경제 성장의 동력이 될 것이다.

3박 4일 패키지 우주 여행

우주 탐사 또는 우주 경제와 관련해서는 여러 이슈가 있지만, 그래도 일반인들의 호기심을 가장 많이 불러일으키는 것은 우주 관광 산업이다. 화성에 생명체가 존재할 가능성이 있다거나 태초의 우주 형성의 비밀을 밝혔다거나 아니면 우주에서 어떤 실험이 성공했다거나 하는 흥미로운 이야기가 넘치지만, 수많은 이야기 중에 사람들의 이목을 집중시키는 뉴스는 역시 관광 이슈일 것이다. 막연한 꿈같았던 이 우주 관광이 어느새 현실로 우리 곁에 와 있는 듯하다.

사실 지구는 꽤나 작다. 국제우주정거장이 지구 한 바퀴를 도는 데 걸리는 시간은 1시간 30분이다. 사람들 마음속에는 뭔가 채워지지 못한 갈증이 생긴다. 그래서 사람들은 비용만 적절하다면 우주로 나가겠다는 생각을 하게 됐다. 아직 극히 일부의 부자나 가능할 정도로 비싸지만, 머지않아 보다 많은 사람이 이용하게 되면 가격은 점점 떨어질 것이다. 이런 우주 관광의 성장 가능성을 믿고 기업들이 과감히 투자하기 시작했다. 대표적으로 버진 갤럭틱(Virgin Galactic), 블루 오리진(Blue Origin), 스페이스X가 우주 관광 산업을 시작했다. 한동안은 잠깐 다녀오는 정도겠지만 점점 좀 더 오래 머무는 방식을 찾지 않을까.

2023년 7월 버진 갤럭틱이 유료 고객을 태우고 우주 비행에 성공했다. 이 회사가 상업용 우주 비행에 성공한 것은 처음이다. 우주비행선 'VSS 유니티'는 고도 85킬로미터까지 날아오르는 준궤도 비행에 성공했다(미국은 고도 80킬로미터를 우주의 기준으로 본다). 이탈리아 공군 장교와 국립연구위원회 소속 연구원 등 3명이 탑승했는데, 이들은 각각 한화 약 3억 3,000만 원에서 6억 원가량의 비용을 지불한 것으로 알려진다. 약 72분 만에 지구로 귀환한 이들은 비행 중 4분 정도의 무중력 상태를 경험했다고 한다. 버진 갤럭틱은 상업용 우주비행을 본격화해 연간 400회에 걸친 우주 비행을 실시할 예정이라는데 이미 탑승권 800장이 예약 판매되었다고 한다.

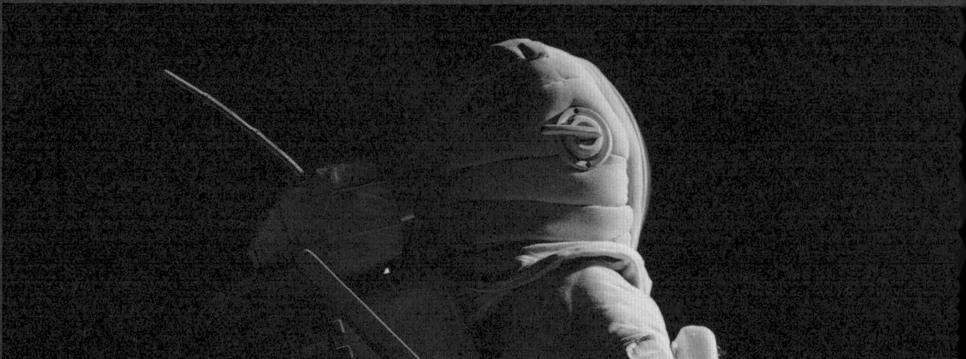

스페이스 투어가 '일주일 유럽 패키지', '3박 4일 베트남 투어' 같은 상품으로 10~20년 안에 등장할 가능성이 높다. 1850년대를 살아간 당시의 사람들이 첨단 현대문명 사회를 상상할 수 없었듯이 170년 뒤 우리의 후손들은 지금 우리가 상상할 수 없는 세상을 살아갈 것이다.

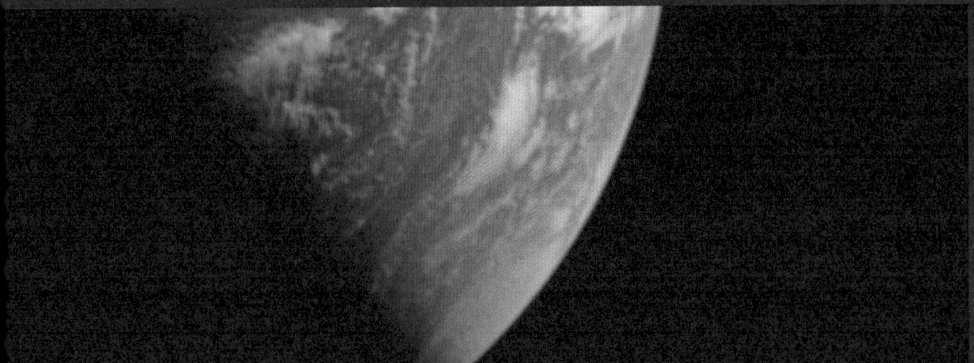

아마존 창업자 제프 베이조스가 설립한 블루 오리진은 이미 민간인 탑승 우주비행에 여러 차례 성공했다. 2021년 베이조스 자신도 블루 오리진이 제작한 뉴셰퍼드호를 타고 106킬로미터 고도에 도달했다. 스페이스X는 민간인 네 명을 태운 관광용 우주선 크루 드래곤을 발사했는데, 이는 버진 갤럭틱이나 블루 오리진보다 한발 더 나아간 형태의 우주체험에 성공했다. 3일간 지구 궤도를 돌면서 우주를 여행한 것이다. 스페이스X는 장기적으로는 로켓 탑승을 통한 우주 여행, 대륙 간 이동을 목표로 한다.

이제 스페이스 투어가 '일주일 유럽 패키지', '3박 4일 베트남 투어' 같은 상품으로 10~20년 안에 등장할 가능성이 높다. 물론 여전히 비용은 비싸겠지만 지금보다 많은 사람이 우주로 가게 될 것은 분명하다. 지금도 관광 산업은 전 세계 경제에서 큰 지분을 차지하는데, 여기에 우주 관광이 더해진다면 그 지분은 더 커질 것이다. 우주 관광에서 스페이스X, 블루 오리진, 버진 갤럭틱 같은 기업들은 지구에서의 민간 항공처럼 사람과 물품을 운송하는 역할을 해 나가고 우주 여행객을 위한 우주 호텔과 우주 레저 산업도 동반 성장할 것이다.

NASA는 국제우주정거장의 후계기 건설을 민간이 주도하는 방향으로 기획 중이다. 2019년 NASA는 민간 기업체들을 대상으로 미래 우주정거장 건설 제안서를 공모했고 미국의 우주항공을 이끌어 온 다수의 기업이 제안서를 제출했다. 미국의 민간 기업인 액시엄 스페이스, 블루 오리진 등이 우주정거장을 이용한 상용화 계획에 나서고 있다. 우주바이오, 우주농업 등 우주정거장을 활용한 사업 아이디어도 갈수록 다채로워지고 있다.

지구에 수많은 호텔이 있는 것처럼, 우주 여행객이 많아지고 사람들의 요구가 늘어날수록 다양한 모습의 호텔들이 우주에 건설될 것이다. 처음에는 지구에서 가까운 곳에서 시작하겠지만, 점차 달에도 건설을 시도하고 그렇게 확장하다 보면 나중에는 화성, 그 너머 더 먼 곳까지 계속 팽창해 나갈 것이다. 지금 이루어지는 일들을 보면 그것은 그저 꿈에 불과한 상상이 아니다. 1850년대를 살아간 당시의 사람들이 지금 인류가 이룬 것들 가운데 어디까지를 상상할 수 있었을까.

‘압도적 1위’의 전략

현재 전 세계 우주 관련 기업의 50퍼센트 이상이 미국 기업이다. 단순히 점유 비중이 높다는 점보다는 그 영향력 면에서 세계 우주 산업을 압도하고 있다고 봐야 한다. 그야말로 미국은 어떻게 우주 산업에서 압도적 1위가 되었는가.

일단 NASA와 관련해서 먼저 이야기를 시작해 보겠다. NASA의 과학자들은 연구와 탐사를 통해 우주의 비밀을 알아내고 지구의 삶을 보전하는 일에 관심을 기울인다. 그리고 지구 밖에 생명체가 있는 곳을 찾기 위해 탐사를 한다. 그런데 NASA는 이제 운영과 관련해 변화를 시도하고 있다. NASA는 우주 탐사와 연구에 집중하고 운송 및 우주정거장 관리 그리고 운영권 같은 것은 민간 업체로 이관하는 작업이 진행 중이다.

NASA가 이런 변화를 꾀하는 중요한 이유는 바로 미국의 경제권과 관련된다. 미국은 1945년 제2차 세계대전 이후 항공산업이 미국의 경제 규모를 키우고 세계 시장에서 자신들이 주도권을 잡는 데 중요한 역할을 했다고 생각한다. 많은 비행기가 제작되면서 비행기를 통해 세계적으로 사람과 물품의 교류가 비약적으로 늘어났다. 오늘날 미국 경제의 큰 부분은 관광 관련 산업이 차지한다. 비행기와 호텔 산업이 큰 경제 효과를 창출한다는 것을 미국은 경험으로 이미 알고 있다.

미국 정부와 NASA는 민간 기업체들의 우주 분야 진출을 적극 도와 우주 경제권을 선도적으로 장악해 새로운 국가 성장 동력을 만들려는 장기 안목을 가지고 있는 것이다. 미국의 우주 항공 사업 전략은 곧 국가의 미래 발전 전략인 셈이다.

NASA는 스페이스X 같은 기업에 기술을 이전해 주고, 국제우주정거장으로의 물품 및 우주인 운송 계약을 체결하는 등 의도적으로 민간 기업을 키웠다. 대한민국이 한화에어로스페이스를 누리호 체계종합기업으로 선정하고 발사체 기술을 이전하고 있는 것도 같은 맥락이라고 볼 수 있다.

우주 분야 발전이 지속 가능하려면 수익을 낼 수 없는 초기에는 국가 세금을 투입하여 필요한 과학기술을 축척하고 일정 수준에 도달하면 기업체로 기술 이전을 하는 것이 현실적이고 효과적인 전략이라고 할 수 있다. 기업이 사업을 통해 많은 이익을 창출하면 그것은 다시 세금의 형태로 국가의 이익으로 돌아와 국가 발전에 기여하게 되는 선순환 구조를 이룬다. 미국은 그런 생태계를 오랜 시간에 걸쳐 만들어 온 것이고 한국도 그러한 방향으로 나아가고 있다는 점에서 고무적이라고 생각한다.

NASA는 우주에서 양자과학과 생명과학 연구를 주관하는 부서를 2020년 신설했다. 우주에서의 연구를 통해 과학기술을 발전시켜 우주 탐사에 도움을 주고 또 국가 경제 발전에 도움을 주는 것을 지향하고 있다. NASA는 이런 일들에 매우 적극적으로 관여한다. 아폴로 미션에는 1966년 기준 국가 예산의 약 4퍼센트가 투여될 만큼 막대한 비용이 들어갔는데, 당시는 구소련과의 경쟁적 관계와 국가 안보라는 문제가 맞물려 있어서 그렇게 많은 국고의 투입이 가능했던 것이기도 하다. NASA의 예산은 미국 예산의 평균 약 0.5퍼센트로, 액수는 매년 증가 추세에 있다. 한화로 30조 원 이상에 달하는 규모다.

그럼, 국제우주정거장 운영에 투입되는 NASA의 1년 예산은 얼마나 될까? 2023년 기준 약 1.7조 원이다. NASA는 앞으로 우주정거장의 관리 및 운영을 민간 업체에 이관하고 고객으로 남아 우주 탐사에 필요한 연구에 집중할 계획이다. 기업들은 우주 여행 시대를 대비해 호텔을 짓는다거나, 우주 관측 시설이나 실험실 구축, 기상 관측지 조성, 또 영화 촬영 등 다양한 비즈니스 모델을 통해 이익 창출을 해 나갈 것으로 보인다.

NASA가 계약을 통해 기업에 지원하는 자금은 모두 미국 국민이 내는 세금이다. 그래서 국가는 이런 돈을 써서 자국 기업들이 수익을 창출하게 하고 그것을 세금으로 다시 환수하는 형태를 구상했다. 국가의 기업 지원 → 기업 성장 → 국가 세금 수입 → 국가 경제 발전 → 재투자와 같은 구조가 형성되는 것이다.

이런 국가적 지원이 오늘날 미국의 기업들이 우주 산업 분야를 압도하는 중요한 이유이다. 우주 탐사를 위해 필요한 최첨단 소재의 개발은 경쟁력 있는 제품 생산으로 이어지고, 미지의 세계에 대한 끊임없는 도전은 창의적인 인재 양성으로 이어져 다시 국가에 보답한다.

오늘날 미국이 우주강국이 된 것은 장기적 비전을 가지고 대학과 연구기관, 기업에 끊임없이 투자하고 과감한 지원을 해준 결과물이다. 국가 주도의 '올드 스페이스'에서 민간 기업 주도의 '뉴 스페이스' 시대로의 패러다임 전환이 이뤄지고 있다. 하지만 기술과 재정 지원은 장기적 관점에서 이뤄져야 한다.

우주 사업의 특성상 민간이 홀로 감당하기에는 한계가 있다. NASA가 스페이스X에 국제우주정거장 운송 계약을 통해 도움을 준 것처럼 기업이 수익을 낼 때까지는 국가가 주도하는 프로젝트에 참여시켜 도움을 주는 것도 한 방법이 될 수 있다. 기업들이 향후 국제무대에서 경쟁력을 갖출 수 있도록 아르테미스 협정 같은 국제 공조 프로그램에 참여해 신기술 개발과 기술의 국제적 신용을 얻는 기회를 만들어 주는 것이 중요하다. 우주 탐사는 과학기술의 발전과 국가 경제 발전에 도움을 준다는 사실 외에도 보다 근본적으로 국가의 성장 동력인 젊은 세대에게 많은 영감을 준다는 점에서도 중요한 의미가 있다.

로켓 지구 여행

하나의 패러다임이 바뀌면 당연히 우리 삶도 영향을 받는다. 우리는 지금 분명 대전환기에 살고 있다. 변화를 읽고 내 삶을 새롭게 정립해야 할 순간이다. 일론 머스크는 화성에 최소 100만 명을 이주시켜 영구적인 인간 정착지를 만들겠다는 포부를 밝혔다. 처음 그가 그런 이야기를 했을 때는 황당하게 들렸지만, 지금 과학기술의 발전 속도를 보면 이제는 꼭 불가능한 이야기로만 보이지는 않는다. 여기서 가장 큰 문제는 '비용을 어떻게 마련할 것인가'인데, 일론 머스크는 그 비용이 충분히 가능하다는 생각이고, 그 구체적인 방법으로 스타십 우주선을 내세웠다. 역대 최강 우주 발사체로 알려진 스타십은 지름 9미터 길이 68미터의 1단 '수퍼 헤비'와 우주선인 2단 '스타십'으로 구성되어 있다. 총 길이가 120미터에 달해 1960년대 달 착륙에 사용했던 새턴 로켓(111미터)보다 큰 역대 최대 규모다. 그만큼 지금까지 선보인 발사체 중 추력도 가장 세고 탑재할 수 있는 중량도 최고인 것으로 알려진다. 과학계는 여기에 과학연구 장비를 쉽게 실을 수 있고, 그렇게 되면 이전에 비해 저렴한 가격으로 우주 연구에 접근할 수 있을 것으로 기대한다.

스타십은 이들의 기대에 부응하는 가격 가성비를 어떻게 맞출 것인가. 바로 재사용이다. 기존 모델인 팰컨이 1단부 부분만 재사용이 가능했던 것에 비해 스타십은 100퍼센트 재사용을 목표로 개발 중이다.

스타십이 추구하는 바를 완성하기까지는 아직 많은 시행착오가 있고 시간이 걸릴 것이다. 가격도 아직은 극소수만 감당할 수 있을 정도다. 하지만 결국 많은 사람들이 이용하게 되면 가격은 점차 떨어지고 일론 머스크가 꿈꾼 미래의 성취는 시간의 문제일 수 있다.

일론 머스크는 화성에다 뼈를 묻겠다고 말하고 있다. 그저 농담은 아니다. NASA는 2025년 예정된 세 번째와 2028년 네 번째 아르테미스 달 탐사에서는 스페이스X가 제작한 스타십으로 우주인을 달 표면에 착륙시킬 계획이다. 스페이스X의 도전이 가능하도록 도와주는 NASA의 모습에서 미래를 현실과 한 발자국 더 가깝게 만들어 가는 미국의 저력을 엿볼 수 있다.

그렇다면, 스페이스X가 궁극적으로 바라보고 있는 미래는 무엇일까? 우리가 살면서 많은 정보를 수집하는 것도 중요하지만, 궁극적으로는 그 정보가 어디로 흘러가 어떤 결과를 만드는지를 예측하고 자신이 나아갈 방향을 정립하는 것이 더 중요하다.

처음 우버 택시가 등장했을 때 사람들의 전망은 그다지 밝지 않았다. 지금은 미국 택시의 상당 부분을 대체해 나가고 있다. TV가 라디오를 대체했고, 스트리밍 서비스가 CD를 대체했으며, OTT가 영화관을, 새마을호기차를 KTX가 대체해 가고 있다. 스페이스X는 그런 미래를 그리고 있는 것이다. 스페이스X가 그리는 미래는 지금은 무모해 보일 정도의 초기 투자비용이 들지만, 결국 그것은 몇 배로 몸을 불려서 회사에 이익으로 돌아올 것이다.

스페이스X뿐 아니라 미국의 또 하나의 우주 산업 벤처기업인 비너스 에어로스페이스(Venus Aerospace)도 비슷한 구상을 가지고 있다. 비행물체를 우주 밖으로 내보내서 그다음에 한곳에서 출발을 해 고속으로 다른 쪽으로 이동하면 지구상에서 어

스페이스X의 스타십.

디든 1시간 대 아니면 30분 안에 도착할 수 있는 그런 생활권을 만드는 꿈을 꾸고 있다.

도보로 이동하던 인류는 말과 낙타를 타고 먼 거리를 보다 빨리 이동했고, 배, 기차, 자동차의 등장으로 속도와 이동거리는 더욱 증가했으며, 하늘을 나는 비행기의 발명은 100년 전까지만 해도 상상할 수 없는 빠른 속력의 이동수단을 인류에게 선사했다. 이제 우주라는 공간을 통해 이동 시간을 줄이려는 새로운 도전이 시작되고 있다. 또 하나의 혁신의 시대가 도래하고 있다.

우주에서 개발한 신약

뉴 스페이스 시대가 도래했다. 정부가 주도하던 우주 활동이 이제 민간으로 이양되고, 이는 지구의 실질적인 경제 활동에도 영향을 끼치고 있다. 우주가 새로운 경제 성장의 동력으로 지구 경제권에 편입되고 있다. 과거 인터넷이 처음 세상에 등장했을 때처럼 말이다.

NASA와 피앤지(P&G)는 국제우주정거장에서 세제의 효능을 알아보는 실험을 진행하기로 협약을 맺었다. 피앤지의 세제 브랜드인 타이드(Tide)의 이름으로 이 공동연구를 진행하기로 했는데, 지구 환경에서는 밝힐 수 없는 분자 활동 같은 것을 우주 실험을 통해 이해해 보겠다는 시도다. 피앤지뿐 아니라 전 세계의 많은 회사들이 자신들의 신제품 개발 또는 기존 제품의 품질 개선을 위해 우주를 활용하는 방안을 적극 고려하며 많은 투자를 하고 있다.

한편 여러 산업 분야 중 제약회사들이 특히 우주에 큰 관심을 보이고 있는데, 왜일까? 일단 많은 연구자들은 치료제를 개발하는 데에 우주 환경이 지구 환경보다 훨씬 유리하다고 말한다. 결정적인 이유는 우주가 지구와 달리 무중력 상태라는 데 있다. 지구에서는 중력이 실험 과정에 영향을 미쳐 기대한 성과를 못 내는 반면, 무중력, 저중력의 우주 공간에서는 방해 요소가 그만큼 적어진다는 것이다. 예를 들면, 암 치료제와 중풍 방지 치료제 등 약품 연구에서 중요한 것이 단백질 구조를 이해하는 것이다. 저중력의 우주 공간은 지구에 비해 단백질 구조 규명을 위해 필요한 미세한 크리스털 성장이 잘 이루어지고 중력으로 인해 아래로 가라앉는 침체물 현상을 방지할 수 있다. 이렇게 얻은 지식은 신약 디자인과 테스트에 큰 도움이 된다.

미국 민간 우주 관광 개발 기업 액시엄 스페이스(Axiom Space)가 민간 우주정거장에 제약실험실을 마련할 것이라는 계획을 밝혔다. 한국의 보령제약도 액시엄 스페이스에 127억여 원을 투자했다. 보령제약은 의학 분야에서도 우주가 유용한 역할을 할 수 있다는 가능성을 알아차린 것이다.

미국의 바이오 스타트업 마이크로퀸(MicroQuin)은 국제우주정거장에서 암 세포 사멸 관련한 실험을 해서 성공을 거두는 일도 있었다. 이는 지구에서 같은 실험을 할 때보다 8년이나 시간을 앞당긴 결과라는 분석이 있다.

제약 분야에서도 그동안 풀지 못한 답을 우주 공간에서 찾고 새로운 가능성을 실험하려는 기업이 대거 등장하고 있다. 스위스와 이스라엘이 합작해 설립한 우주 스타트업 스페이스파마(SpacePharma), 스위스 생명과학 기업 커티스 AG, 독일 제약사 머크(Merck) 등은 상당히 많은 투자를 하면서 우주의학 분야를 선도하고 있다.

이 분야와 관련해서는 일본이 상당히 잘하고 있다. 국제우주정거장 참여 국가들은 다양한 연구들을 진행하는데 일본의 관심은 압도적으로 생물과 생명공학 연구에 치중되어 있다. 그 예로 1998년부터 2014년 사이 일본의 국제우주정거장 연구의 약 80퍼센트가 생물과 생명공학 관련 연구였다.

향후 지금과는 비교할 수 없이 많은 제약업체들이 참여할 것이다. 우주정거장에서 연구소를 임대해 연구를 해 나가면서 자연스럽게 우주에 연구단지가 형성될 것이다. 우주는 이제 인류에게 또 하나의 희망을 주고 있다. 극복할 수 없어 보이던 난

많은 연구자들은 치료제를 개발하는 데에 우주 환경이 지구 환경보다 훨씬 유리하다고 말한다. 액시엄 스페이스가 2027년 구축하는 민간 우주정거장에 제약 실험실을 마련할 것이라는 계획을 밝혔다. [출처: drugdiscoveryinspace.com]

치병과 희귀병 문제 해결의 힌트를 우주가 주지 않을까 하는 기대를 인류는 품고 있다. 지구에서는 중력으로 인해 신체의 연조직을 3D 프린트로 제조하는 것이 힘들다. 하지만 우주 밖에서는 신체의 연조직 제조가 유리하기에 인공장기 제작이 가능할 것으로 보여, 장기 이식을 대기하는 수많은 환자들은 새로운 희망을 품을 수 있게 되었다.

3D 프린팅 기술을 활용한 제조와 건설업

3D 프린팅 기술은 아직 부족한 부분과 개선될 부분이 많지만 긍정적인 측면에서 볼 때 상당히 매력적인 분야다. 플라스틱을 비롯한 경화성 물질을 재료로 쓰는 3D 프린팅은 재료 낭비가 거의 없고, 재사용이 가능해서 산업체 입장에서는 많은 비용을 절감할 수 있다. 특히 가벼운 물질을 써야 하는 항공 산업이나 첨단 소재 산업에서 유리한 면이 많아 전 세계 많은 경제주체가 관심을 가지고 연구하고 실제 산업현장에 적용하고 있다. 의료계에서는 우주에서 인공장기를 만드는 데에도 3D 프린팅을 이용할 수 있다.

NASA는 10여 년 전부터 3D 기술을 이용해서 우주정거장의 파트 같은 장비를 제작하고 있다. 또 화성이나 목성, 달 탐사를 할 때 기지를 만들어서 수송하려고 하면 여간 힘든 게 아닌데, 3D 프린팅을 이용한다면 현장에서 제작이 가능하다. 물론 그 역시 프린트 기계가 좀 많이 필요하다는 문제가 있지만 말이다. 하지만 그 실효성과 경제적 가치가 증명되고 있는 만큼 비효율적인 부분은 앞으로 상당히 개선될 것으로 기대된다.

장기적으로 달이나 화성에 사회적 인프라를 구축할 때 3D 프린터는 상당히 유용한 역할을 것으로 보인다. 우주 시티에 필요한 건축에 3D 프린팅을 이용하면 현지에서의 작업이 가능하다. 프린터 기계 하나에 AI 기술과 최첨단 정보 기술이 병합된다면, 파트 자체도 여태까지는 지붕, 배수관 이런 것들을 다 따로 따로 만들어 붙였는데, 이런 것도 하나로 통합해서 만드는 일이 가능해질 수 있다. 그렇게 되면 그 효율성과 경제성이 이전 방식과는 비교할 수 없을 정도로 높아질 것이다. 또한 화성 기지에 쓰인 장비가 고장 난다면 지구로부터 수선 장비를 배송하는데 6~9개월이 걸리고 가격 효율 면에서도 그다지 좋지 못한 배달 대신 3D 프린팅으로 직접 부품을 만들어 해결할 수도 있을 것이다.

3D 프린트로 로켓을 제조하는 로켓 제조 스타트업 랠러

미국의 항공우주 제조업체인 랠러티비티 스페이스가 개발한 2단 소형 리프트 발사체 테란 1호. [출처: Relativity Space]

티비티 스페이스(Relativity Space)는 2023년 3월 세계 최초로 3D 프린터로 만들어 낸 로켓 '테란 1(Terran 1)'을 발사했다. 로켓의 상당 부분을 3D 프린팅으로 만들어 제작 기간을 단축한 것으로 알려져 있다.

비록 이번에는 실패했지만, 3D 프린팅을 접목한 발사체를 띄운 것만으로도 그 의의가 크다. 렐러티비티는 이번에 얻은 교훈을 반영한 대형 발사체인 '테란 R' 개발에 속도를 내고 있다.

3D 프린팅의 또 다른 이점은 뭘까? 용접이 필요 없다는 것이다. 아직 정확성 측면에서 부족한 점이 있지만, 이는 이미 기업들이 뛰어들어 성능 개선을 위해 연구하고 있으므로 머지않아 훨씬 정교하고 정확한 3D 프린터가 등장할 것으로 보인다. 몇 년 전 스페이스X 본사를 방문했을 때 3D 프린터로 제조한 금속 물체를 인상적으로 본 기억이 있는데, 스페이스X 역시 이 3D 프린팅에 깊은 관심을 가지고 있다는 것을 보여 준다.

이미 3D 프린팅은 그 가능성과 미래를 확실히 보여 주고 있는 것 같다. 건축뿐 아니라 그에 문제가 생겼을 때 필요한 부품 제작 등도 현지에서 자체적으로 할 수 있다. 우주 공간 안에서 자체적인 해결이 가능한 시대를 여는 데 핵심 역할을 하고 있다는 것이다.

다른 많은 기술들이 그랬듯, 우주 탐사 과정에서 발전된

3D 프린터 제조 기술은 지구에서 응용되어 제조업 자체에 큰 혁신을 갖고 올 것으로 기대된다.

바야흐로 우주중공업 시대

궁극적으로 인류가 달이나 화성으로 간다면, 그곳의 토양과 자갈을 이용해 건축을 해야 할 것이다. 지구에서 모든 자재를 공수할 수는 없을 테니까. 2015년 NASA는 화성 인간 탐사를 준비하면서 착륙지에 대한 제안서들을 받았는데, 이 착륙지는 화성 적도에서 남북위 50도 사이에 위치한 지역 중 NASA의 화성 과학 탐사의 목적을 만족하고, 인간 거주에 필요한 물이 있어야 하고, 거주 공간을 지을 건축 자재가 있어야 한다는 것을 전제한다. 금속제라든가 자갈처럼 쓸 수 있는 용도의 재원도 있어야 한다. 또한 식물 재배에 토양이 적합해야 한다. NASA는 현재 2030년대

말 화성에 유인 탐사선을 보낼 예정인데, 이 탐사선의 착륙지는 위와 같은 요건을 갖춘 곳이 될 것이다.

NASA에서는 달과 화성, 그리고 다른 우주 공간에서 인간의 거주를 가능하게 할 현실적인 방법을 찾는 작업을 계속해 나가고 있다. 국제우주정거장에서는 달에서 시멘트가 어떻게 작용하는지를 살펴보는 연구를 해 왔고, 2017년에는 우주 현지 재료를 활용한 콘크리트 제작 그리고 3D 프린팅으로 건축물을 짓는 센테니얼 챌린지(Centennial Challenges) 대회를 주관하기도 했다. 이 대회에서 한국건설기술연구원과 한양대학의 '문 엑스 컨스트럭션(Moon X Construction)' 팀이 1위를 차지했다.

최근에는 3D 프린팅이 부상하면서 우주 공간에서 그곳의 자원을 이용해서 건축하는 것이 가장 현실적인 방안으로 주목받고 있다. 이와 관련한 연구와 활용은 앞으로 폭발적으로 늘어날 것으로 보인다.

그렇다면 정말 우주에서 중공업 작업이 가능할까? 구현하기까지 많은 기술적, 제도적, 비용적 장애물이 있겠지만 결국엔 현실이 될 것이라는 게 업계의 정론이다. 달이나 소행성에서 취득한 자원을 지구로 역수입할 수도 있겠고, 달이나 화성에서의 인류 거주라는 목표를 달성하기 위해 사용될 수도 있다. 정부뿐 아니라 기술 연구에 나선 스타트업들도 하나둘씩 등장하고 있다.

건설업 측면에서 보면 달이나 화성에서 자원을 취득해서 그것을 3D 프린터를 이용해 기지를 건설하는 등 그 안에서 인간의 거주 공간을 확장해 나갈 것이다. 또 인간 삶에서는 꼭 필요하지만 지구 환경에는 유해한 영향을 미치는 산업군을 우주로 옮겨서 시도해 볼 수 있다. 이것이 중공업으로 분류될 수 있을지는 모르겠지만, 현재는 인공위성을 지구에서 제조해서 대기권 밖으로 쏘아 올리는 과정에서 환경 문제가 발생한다. 하지만 만약 우주 공간에 조성된 산업단지에서 인공위성을 직접 제조한다면 발사 과정에서 야기된 환경 문제는 상당 부분 해소될 것이다.

3D 프린터로 제작된 주거지(2018). 이 모형은 SEArch+/Apis Cor에 의해 제작되었다. 방사선과 가혹한 환경으로부터 이주민들을 보호하기 위해 레골리스를 건축 재료로 응용했다. [출처: nasa.gov]

자원 채굴과 로봇 광부

초기에는 우주 탐사가 순수한 호기심, 그야말로 지구 밖 미지의 세계, 인류 외의 다른 생명체의 존재에 대한 호기심에서 이뤄졌다면, 지금은 좀 더 현실적인 이유가 작용하고 있는 듯하다. 많은 나라들이 우주 산업에서 경제적 이익을 창출할 수 있다는 확신을 가지기 시작한 듯하다. 인류는 이제 우주 공간에 지구에서 사용 가능한 무수한 자원이 매장되어 있다는 것을 알아 버렸다.

NASA는 달 탐사와 화성 탐사의 성공을 위해서는 현지 자원 활용(ISRU: In-situ Resource Utilization)이 중요하다는 것을 인식하고 있고, 미국 우주기업 루나 아웃포스트(Lunar Outpost)와 마스턴 스페이스 시스템스(Masten Sapce Systems), 도쿄에 기반을 둔 우주 기업 아이스페이스(iSpace)의 룩셈부르크 지부와 일본 지부 등 총 4개 기업과 우주 자원 채굴 관련 계약을 맺었다. 4개의 회사는 소량의 달 토양을 수집해 NASA에 전달하고 이 과정을 통해 우주 자원 채취 기술력을 향상해 나갈 것이다. NASA는 우주 탐사 과정에서 기업들의 참여를 장려하여 우주 경제 확대를 촉진하고 향후 기술을 축적한 기업들은 상업적 목적의 우주 자원 채굴에 선도적 위치를 차지할 것으로 예상된다.

룩셈부르크 정부는 2018년 우주청을 설립했는데, 향후 우주 자원에 대한 대비를 적극적으로 하겠다는 것을 하나의 목표로 설정하고 있다. 국가 차원뿐 아니라 우주 자원 채굴을 목표로 하는 신생 기업이 꽤 많이 등장하고 있다는 것은 그만큼 우주 자원에 대한 인류의 관심이 크다는 것을 반증한다. 현재로서는 보물섬을 찾는 것처럼 단기간에 성과를 내기는 어렵지만 우주에 상상을 초월하는 자원이 있는 것은 분명하기 때문에 인류는 그것을 찾는 노력을 결코 멈추지 않을 것이다.

그런데 우주 환경은 매우 척박하다. 대기가 없거나 희박하고 방사선 노출 위험도 매우 크다. 현실적으로 인간이 우주에서 자원을 직접 채굴한다는 것은 어려워 보인다. 그럼 어떻게 할 것인가. 로봇 광부들이 인간을 대신해 일을 하게 될 것이다.

AI 기술은 엄청난 발전 속도를 보이고 있고, 이들은 인간과 달리 휴식 없이 24시간 노동이 가능하다. 또 인간보다는 우주 환경에서 견딜 수 있는 확률이 높다. 로봇은 미생물 공격에도 안전하다는 장점이 있다.

현대자동차가 로봇 기업 보스턴 다이내믹스(Boston Dynamics)를 인수했는데 보스턴 다이내믹스 같은 회사에는 앞장서서 우주에서 자원을 채굴해 줄 로봇을 만들어 낼 능력이 있어 보인다(참고로 현재 제트추진연구소에서는 보스톤 다이내믹스가 개발한 로봇을 이용해 우주 탐사 실험을 진행 중이다). 이미 기업들이 로봇 광부의 가능성을 생각하고 개발하고 있을 것이다. 단순히 로봇 하나만으로는 어렵고 집단 로봇이 필요하다. 이런 로봇을 조종하는 것은 결국 인간인데, 앞으로는 개별 로봇의 개발뿐 아니라 이런 집단 로봇을 어떻게 연계해서 체계적으로 이용할 수 있을까 하는 문제도 고민해야 할 듯하다.

로봇 광부는 장점이 매우 많지만, 한편으로는 우주에서 자원을 채취해 오는 일은 상당한 위험을 내포하고 있기도 하다는 점을 알아야 한다. 우주 자원과의 만남은 인류가 아직 한 번도 경험해 보지 못한 새로운 접촉이다. 우주 방사선이 인류에게 어떤 영향을 끼칠지, 광물에 묻어 온 미세 생물들이 지구에서 어떤 반응을 일으킬지 우리는 아직 알지 못한다. 생물학적 오염이

지난 2021년 이탈리아 토리노에서 열린 신기술박람회에서 보스턴 다이내믹스가 다목적 로봇개를 선보였다. 한국 기업인 현대차그룹이 로봇 기업 보스턴 다이내믹스를 인수했다. [출처: nasa.gov]

일어났을 때 우리 면역 체계가 어떻게 반응할지 아직 경험하지 못했으므로, 향후 우주 자원을 채굴해 지구로 들여올 때는 이와 같은 문제를 충분히 사전에 검토해야 할 것이다. 지구의 부족함을 보충하려다 인류와 생태계를 위협하는 일이 없도록 면밀히 살펴야 할 것이다.

한편 로봇이 인간보다 척박한 환경에 좀더 잘 적응할 수 있을 것으로 보이지만 개선해야 할 점들도 있다. 강력한 방사선은 강력한 에너지원이다. 이런 방사선을 견딜 수 있는 로봇을 구상해야 한다. 이런 로봇은 지구에서도 인간의 위험 활동을 대신하게 될 것이다. AI 능력을 갖춘 로봇은 과학기술이 발달하면 일정 부분 상황에 대한 판단도 할 수 있지 않을까 한다. 결국 로봇은 인류의 동반자로서 인류가 우주로 팽창해 가는 데 중요한 역할을 해 나갈 것이다.

미래에 가능한 기술을 보여 주는 SF 콘텐츠

영화 〈마션〉에서처럼 화성에 온실을 만들어 감자를 키우는 일이 가능할까. 인간이 우주의 어느 한 행성에서 조난당했을 때 살아남기 위해 무엇을 할 수 있을까.

SF 영화들이 상상한 미래는 얼마나 실현되었을까. 과거 허무맹랑한, 또는 전혀 불가능해 보이던 공상과학 소설이나 영화 속 묘사 중에 지금 와 돌아보면 현실화된 것이 생각 외로 많다. 우주기업 블루 오리진의 창업자 제프 베이조스가 우주 공간에 놀이터를 만들 생각을 하고, 스페이스X를 창업한 일론 머스크가 화성으로 100만 명의 이주를 꿈꾸는 것은 어디서부터 시작

공상과학 소설이나 영화가 중요한 것은 미래 세대와 어떤 사람들에게 가능성을 보여 준다는 것이다. 대형 LED 스크린을 배경으로 한 스튜디오에서 SF 콘텐츠의 화성 장면을 촬영하고 있다.

했을까. 놀라운 것이 두 사람은 우주 관광 시대를 열었고 아르테미스 달 탐사에서 우주인들은 두 회사의 착륙선을 타고 달에 갈 예정이라는 것이다. 이들이 보이지 않는 것을 상상하고 그것을 현실에서 구현하는 힘은 어디에서 올까.

공상과학 소설이나 영화가 중요한 것은 미래 세대와 어떤 사람들에게 가능성을 보여 준다는 것이다. 지금, 또는 가까운 미래에도 도저히 불가능해 보이는 것들을 글로, 영상으로 완성해 보여 준다. 과학은 검증된 것만을 공포할 수 있다. 과학이 제시하지 못하는 영역을 SF는 논리에 기반해 펼쳐 보여 줄 수 있다. 때로 과학은 그 상상과 논리로부터 힌트를 얻어 난제의 실마리를 찾기도 한다.

〈인터스텔라〉, 〈마션〉 같은 영화를 보면 SF라고 해서 사실에 근거하지 않는 것이 아니다. 기본적으로 사실에 근거하여 논리적 추론의 추론을 이어 간 결과를 펼쳐 내는 것이다. 심지어 〈마션〉은 NASA의 과학적, 기술적 조언을 기초로 제작되었다. 〈인터스텔라〉도 2019년 노벨물리학상을 수상한 킵 손(Kip S. Thorne) 교수가 원작에 참여했다.

NASA는 화성 주거 환경을 본뜬 공간을 만들어 2023년 6월부터 4명의 과학자들이 1년 동안 거주하는 실험을 하고 있다. 〈마션〉에서처럼 실내 온실에서 바로 먹을 수 있는 작물을 재배하고 실험을 수행하며, 화성에서 1년간 지냈을 때 인간 신체와 정신에 일어나는 변화를 관찰한다. 이 화성 거주 체험장은 미국 텍사스주 휴스턴 소재 존슨우주센터 내에 마련된 것으로 알려지는데, 3D 프린팅 기술로 설계되었다고 한다. '마스 듄 알파(Mars Dune Alpha)'로 이름 지어진 이 공간은 시멘트, 골재, 물, 용암석을 혼합한 라바크리트 시멘트를 주재료로 해서 지어졌다. 숙소와 샤워실, 화장실은 물론이고 의료실과 라운지 공간도 있다.

공상과학은 우리가 당장 현실화해서 증명하지는 못하지만, 과학적 지식과 설득력 있는 논리적 추론에 바탕하고 있다. 그런 것을 보고 자란 젊은 세대가 미래를 꿈꾸면서 생각을 확장해 나가다 보면 새로운 사실을 발견할 수 있고, 그에 기반해 전에 없던 무엇을 구상해 낼 수도 있다. 때로는 공상과학이 제안하는 방향을 따라 연구가 이루어지기도 한다. SF와 과학은 서로 영향을 주고받는데, 여태까지 찾아낸 어떤 과학 지식이 공상과학의 탄탄한 재료, 그러니까 원작의 기초 자원이 되고, 그 결과물은 또 과학자들의 상상력을 자극하는 구조를 이룬다.

예를 들어, 화성은 죽은 행성이 되어 버렸는데, 왜 그렇게 되었을까 하는 문제를 생각해 보자. 현재 가능한 추론은 화성의 자기장권이 어떤 이유로 망가져서 대기가 없어지면서 생명체가 거주하기 힘든 환경으로 변했다는 것이다. 일단 과학자들은 이런 추론이 서면 탐사선과 우주인을 보내 실제적인 탐사와 검증 작업을 진행한다. 그런데 과학소설은 여기서 한 발짝 더 나아가 화성의 과거 삶이나 미래의 삶을 상상하거나 예측해 제안할 수 있다. 수년 내에 현실화가 어려울지라도 작품 속 세계관 안에서 어떤 문제의 해결책을 제안하기도 한다.

2015년에 휴스턴 NASA에서 인간의 화성 착륙과 관련한 제안서를 받았는데, 40개의 제안서가 제출되었다. 그때 제안자들이 다 함께 모여서 영화 〈마션〉을 봤다. 〈마션〉은 인간의 화성 탐사와 착륙, 화성에서의 생존과 관련해 여러 가능성을 보여 주기 때문이다.

화성 디즈니랜드로 놀러 오세요

우주에 디즈니랜드가 생긴다며 어떤 놀이기구들이 있을까. 상상만으로도 신나지 않은가. 그저 가볍게 웃고 넘길지 모르지만, 꼭 그렇게 볼 일만은 아니다.

우주정거장의 상용화가 본격화되면 기업은 사업비를 보전하고 수익을 창출하기 위해 사업을 하게 될 것이다. 건물주가 입주자를 모집하듯 우주정거장 입주자를 모집해 각종 다양한 비즈니스 모델이 현실이 될 것이다. 그러면 이때 수익을 창출할 수 있는 모델로는 무엇이 있을까. 우주정거장의 일부는 기업과 기관들에게 연구실로 대여하고, 일부는 호텔로 개조해 관광산업을 펼치는 것을 생각할 수 있다. 우주 여행자가 점차 늘 것이므로 호텔 룸과 식당, 카페, 우주 놀이터 등의 시설이 들어서고 항공사와 호텔업계와 유사한 우주발사체 회사와의 연대도 이루어질 것이다. 이밖에 우주의료, 우주보험, 우주금융, 우주법 등 지구의 관광사업이 그렇듯 다양한 파생 수요가 생겨날 것으로 보인다.

액시엄 스페이스는 현재 NASA와 협약을 맺고 상업용 민간 우주정거장을 만들고 있다. NASA는 이들이 추후 우주정거장에 가는 승객들을 선별할 수 있는 권한을 주었다. 이때 이 정거장까지 승객들을 운송하는 일은 스페이스X 같은 기업이 할 것으로 보인다. 액시엄은 관광회사, 스페이스X는 항공회사가 되는 것이다. 이 두 회사의 실험이 성공한다면 지금보다 더 많은 투자를 받고, 기술의 발전을 이루고 비용 절감으로 이어질 것으로 보인다.

휴가철 어느 해변 휴양지를 찾는 것처럼 우주로 휴양을 떠나고 레저를 즐기러 가는 시대가 올 것이다. 우주인들은 우주정거장에서 바라보는 지구의 아름다움은 경이롭다고 말한다. 아마도 우주에서 바라보는 지구는 우리가 경험할 수 있는 지구가 선사하는 가장 아름다운 자연의 모습일 것이다. 한편 여행지에 사람들이 많아지면 자연스럽게 엔터테인먼트 사업이 필요해진다.

우주 호텔 근처에 놀이공원이 들어설 것이다. 호텔 내에 있을 수도 있고 별도의 공간에 마련될 수도 있다. 지구의 관광산업에서도 호텔과 테마파크는 중요한 비중을 차지하는데, 우주에서도 그와 같지 않을까. 테마파크에 각종 놀이기구가 들어서고, 지구와는 다른 무중력 환경이 선사하는 색다른 경험을 즐길 수 있는 테마파크가 건설될 것으로 예측해 볼 수 있다. '호텔 투숙 3박+우주 디즈니랜드 입장권' 패키지 상품이 홈쇼핑에 등장하는 일은 결코 판타지가 아니라 곧 닥칠 현실이다.

몇 년 전 제프 베이조스가 우주에 호텔을 만드는 것에 관심을 보이더니 2021년에 결국 근지구에 나갔다 오는 데 성공했다. 이미 미국의 유인 우주 수송은 스페이스X가 도맡아 하고 있으며, 미국의 뉴 스페이스 정책에 힘입어 제2, 제3의 플레이어들이 등장할 전망이다. 그들이 목표하는 바는 순수한 과학 탐사보다는 경제적 이익이라는 것을 생각할 때 우주 디즈니랜드는 충분히 가능할 것으로 보인다. 중력이 없는 화성 디즈니랜드에는 캘리포니아 디즈니랜드에서는 감히 상상할 수도 없는 놀이기구들이 선보일 것이다. 사람은 가슴을 옥죄는 '스릴'을 결코 포기하지 못하는 존재가 아닌가. 아이들과 젊은이들의 가슴이 뛸 만한 소식이지 않을까.

블루 오리진의 민간 우주정거장, 오비탈 리프. 인류는 자연스럽게 근지구로부터 달로, 화성으로 점점 도전의 영역을 확장해 갈 것이다. [출처: blueorigin]

재사용 로켓 산업

2015년 12월 21일, 팰컨 9의 첫 재착륙이 성공한 바로 그 순간, 스페이스X는 우주시대의 상징으로 우뚝 섰다. 2016년 4월에는 해상 바지선에 착륙하는 데 성공했고, 2017년에는 한 번 발사했던 로켓을 다시 발사하는 데 성공했다.

이후 스페이스X의 기술은 빠르게 진보해 왔다. 처음엔 재사용 전 수개월의 보수 기간이 걸렸지만 최근에는 간단한 점검 후 다시 발사할 수 있을 정도가 됐다. 재사용 기록도 갱신을 거듭, 현재 누적 16회를 기록 중인데 이는 당초 호언장담했던 10회를 훌쩍 넘어선 결과다.

미국 플로리다주 공군 기지 안의 팰컨 9 풀 스러스트의 1단 로켓. 이 로켓은 11개의 통신 위성을 지구 저궤도에 띄우고 성공적으로 착륙했다. [출처: wikipedia.org]

재사용 발사체는 우주 개발의 패러다임을 바꿨다. 발사체를 더 싸게 더 자주 쏘아 올릴 수 있게 됨으로써 우주 개발의 진입장벽이 소위 '우주 경제'란 용어가 나올 정도로 낮아졌다.

재사용 로켓은 혁신이다. 인류가 우주 밖으로 나가는 데 걸림돌이 되는 경제적 문제를 해결할 수 있는 계기를 마련하게 된 것이다. 우주에서 정보 수집이라든지 과학 탐사를 하는 데 있어서 엄청난 비용 절감을 가져올 것이다. 스페이스X가 인류 역사에 남길 가장 중요한 역할이 아닐까 싶을 정도이다.

스페이스X의 팰컨 라인은 한 번 발사하는 데 5,000만 달러 정도가 드는데, 일론 머스크는 향후 500만 달러까지 비용을 감소시킬 수 있다고 이야기한다. 사실 5,000만 달러도 이전에 비하면 10분의 1 수준인데, 500만 달러는 그에 비하면 100분의 1 수준으로 떨어진 것이다. 이 정도면 개인이 지불할 수 있는 수준이다. 그렇게 된다면 우주 산업이 가속화하고 실질적인 경제 효과를 창출할 날이 머지않을 것이다. 스페이스X의 등장이 의미하는 것은 우주 산업이 민간 영역에서 이익을 창출할 수 있는 기반을 다진 것이다.

스페이스X는 기존 연료뿐 아니라 산화 액체 산소와 케로신을 연료로 사용하고, 재사용 발사체 개발, 바다 착륙 방법 강구 등을 통해 다양한 비용 절감 방법을 시도하고 있다. 이전에는 발사체를 한 번 쓰고 나면 버려야 했는데 재사용하게 되면서 비용이 줄고, 그렇게 보전한 비용은 성능 개선과 유지 보수에 사용할 수 있어 다른 업체와의 경쟁에서 우위를 점할 수 있다. 결과적으로 우주 발사체도 한 번 사용에 그치지 않고 비행기처럼 계속해서 재사용하기 위한 노력인 것이다.

이렇게 비용이 현실화된다면 많은 나라와 기관들이 우주로 물건을 보내는 일이 보다 용이해지고 빈번하게 이뤄질 수 있어서, 이전과는 비교할 수 없이 많은 실험과 연구를 시도해 볼 수 있다. 향후 스페이스X가 제작한 스타십은 100명의 승객을 태워 출발지에서 우주 밖으로 나갔다가 지구 내 어떤 종착지에도 1시간 이내에 도착하는 것을 목표로 한다. 재사용 로켓은 단순히 그것의 제작비 절감 문제에서 나아가 새로운 우주시대를 열었다는 보다 큰 의미가 있다.

다양해지는 위성서비스, 그 무한한 잠재력

1940년대 말 지금 컴퓨터의 원조라고 할 수 있는 애니악이 처음 등장했을 때 그 크기가 집채만 했다. 하지만 지금은 어떤가. 스마트폰은 당시 컴퓨터와 비교하면 크기는 말할 것도 없고 그 성능 면에서 수백 배, 아니 수천 배 차이가 날 것이다. 첨단소재와 엄청난 기술의 발전으로 부피는 작아지고 성능은 개선되었다. 컴퓨터나 스마트폰 같은 서비스를 가능하게 하는 위성도 1980년대에 비하면 부피며 성능이 전혀 다른 종이라고 해도 무방할 정도로 차이가 난다. 초소형 인공위성인 큐브샛(Cubesat)은 부피 1,000세제곱센티미터(10cm×10cm×10cm), 질량 1.33킬로그램

초소형 인공위성인 큐브샛 중 하나. [출처: nasa.gov]

을 넘지 않는 규모지만 성능은 이전과 비교할 수 없이 뛰어나다. 그 성능이 과거에 비해 급속도로 개선된 반면 가격은 과거의 전통적 인공위성에 비해 100분의 1 이하로 낮아졌다.

인공위성의 중요성은 점점 커지고 있다. 가깝게는 우리 일상에서 인공위성을 느낄 수 있는데, 지구환경의 변화라든지, 재난, 폭우, 폭염, 태풍 등의 가능성을 미리 예측해 알려 줌으로써 문제 상황에 대비할 수 있게 해 준다. 대형 산불 화재 시 화재의 흐름을 알려 주어 진화에 도움을 주기도 한다. 이는 인류의 안전과 직결되는 문제들이다. 또 항공이나 배 운항 시 방향을 알고, 상호 교신을 할 수 있는 것도 인공위성 덕분이다.

인공위성은 비즈니스 솔루션에도 도움을 줄 수 있는데, 어떤 주차장의 차량 이용 현황을 통해 사람들의 이동이나 물류 흐름을 예측할 수 있고, 기상 관측을 통해 농업의 생산량을 가늠해 볼 수도 있다. 한 해의 날씨와 수확기의 날씨를 예측해 작황 상태를 안다면 곡물 수확량을 예상해 가격을 측정하거나 판매 전략을 미리 짤 수 있다. 교통 흐름을 파악하여 교통체증을 해결하는 솔루션을 마련할 수도 있을 것이다. 자연보호구역이나 개발제한구역에서 몰래 이뤄지는 난개발을 추적할 수도 있다. 최근에는 특히 국방 분야에서 인공위성이 크게 주목받고 있다. 러시아의 우크라이나 침공 상황을 보여 주는 위성사진 대부분은 상업 위성회사의 초소형 인공위성이 촬영한 것으로 알려진다.

우주 산업 중에서도 소형 인공위성 분야는 대표적인 성장 분야로 꼽힌다. 미국의 스페이스X, 아마존, 막사(Maxar), 플래닛(Planet)이나 대한민국의 쎄트렉아이 같은 회사를 대표적인 위성 서비스 기업으로 꼽을 수 있다.

쎄트렉아이는 한화에어로스페이스가 지분을 투자하고 우주 사업의 시너지를 모색하고 있는 회사이기도 하다. 기존의 위성 제조 사업을 넘어 위성데이터를 활용한 다운스트림 영역으로 사업을 확대 중이다.

초소형 인공위성의 경우 대한민국의 스타트업 나라스페이스테크놀로지는 위성 온보드컴퓨터 성능과 기술력에서 NASA로부터 최고 등급인 9단계(TRL-9)로 평가를 받았다.

우리는 지금 4G 시대를 지나 5G 시대를 살고 있다. AI 기술이 더 발전하고 더 많은 데이터 처리 능력이 필요해질 것이다. 이제 6세대 위성통신을 준비하고 있는데, 여기서 핵심이 인공위성이다. 정보를 통한 자율자동차라든지, 사물인터넷, 인공지능 등 4차 산업혁명에서 핵심은 결국 빠른 정보처리 능력이다.

정보는 지역, 국가의 발전 과정에서 매우 중요하다. 데이터 패권이라는 말이 나올 정도로 현대 사회에서 정보를 확보하고 처리하는 능력은 그 어떤 역량보다 중요하다. 그 핵심에 인공위성이 자리하고 있다. 광케이블을 구축하지 않아도 되기 때문에 균형적인 지역발전에 도움이 될 수 있고, 세계 어느 나라 어느 지역에 살더라도 비슷한 정보와 배울 기회 등을 누릴 수 있다.

지금 광케이블을 이용한 구조는 가난한 국가에서는 인프라를 구축하기 어려운 측면이 있었다. 미국과 같은 선진국에서도 영토가 워낙 광활해서 광케이블을 전국적으로 구축한다는 것은 현실적으로 어렵고 특히 소수가 거주하는 산간 지역에 광케이블을 구축하는 것은 경제적 효율성이 떨어진다.

이제는 소형 인공위성을 통해서 전 세계 어느 곳에서나 같은 정보를 공유할 수 있게 되어, 정보통신 기술이 낙후되었던 국가들의 발전에 기여할 것이라는 기대를 해 볼 수 있다. 이는 세계 경제 규모를 한 차원 더 키우는 일이기도 하다. 경제 영역을 파격적으로 확장할 것이다. 마켓이 확장되는 것이다. 지금까지 소외된 지역이 시장으로 편입되고, 가난한 나라의 GDP 증가에 큰 도움이 될 것이라고 생각한다. 그것뿐만 아니라 지역 간, 대륙 간 불균형했던 정보의 공유, 서비스의 공유, 자원 공유가 좀 더 평등하게 이뤄질 것으로 기대할 수 있다.

웰컴 투 더 화성 월드컵!

국제우주정거장에서 우주인들은 탐사와 과학 연구만 하고 있는 것은 아니다. 국제우주정거장 실내에서 우주인들은 농구, 축구, 야구, 미식축구와 릴레이 경기를 해 보았고, 우주정거장 밖에서는 골프도 시도해 보았다. 최근 들어 익스트림 스포츠 분야에서 지구 밖에서 펼쳐지는 우주 스포츠에 관심을 보이고 있다.

달에 스타디움을 짓는다면 어떻게 될까? 달은 중력이 지구의 6분의 1밖에 안 되기 때문에 저중력과 스포츠가 결합된 형태의 스포츠가 만들어질 것이다.

요트 게임을 한 예로 들어 보자. 요트는 바다나 강에서 바

우주 공간의 저중력 체제가 줄 수 있는 특이점을 이용해서 개발할 수 있는 스포츠에 대한 상상력을 펼쳐 보는 것도 흥미로운 일이다. 경기를 관람하기 위해 관중들도 우주로 향하게 될 것이다.

람의 힘을 받아서 이동하는데, 여기에 착안해서 태양열을 받으면 속도가 상승하는 돛을 만들어 지구 궤도를 한 바퀴 완주하는 경기는 어떨까. 화성이나 달의 산악 지대에서 개최하는 마운틴 바이크 대회도 구상해 볼 수 있다. 중력이 지구보다 약하니 더 높이 점프도 할 수 있을 것이다. 상상을 초월하는 많은 익스트림 스포츠를 구상해 볼 수 있다. 축구, 농구, 달리기, 높이뛰기, 스카이다이빙도 가능할 것이다. 물론 게임의 모습은 지구에서 이뤄지는 것과 상당히 다르겠지만.

우주 환경에 대한 이해가 선행되고, 우주에서 인간 활동의 규칙이 정해진다면, 우주 공간에서 월드컵이 개최되는 일도 가능하지 않을까. 우주 공간의 저중력 체제가 줄 수 있는 특이점을 이용해서 개발할 수 있는 스포츠에 대한 상상력을 펼칠 때이다.

OXYGEN
GENERATION
EFFICIENCY
74%
Plant Analyzer Unit
VRP-37/003

Part 3

Space Issue

진화에서 혁명으로

우주의 오늘을 뜨겁게 달구는 이슈들

지금 우리가
우주를 탐사한다는 것은

사람이 자신이 나고 자란 곳을 궁금해하는 것은 어쩌면 원초적 갈망 같기도 하다. 인류가 지구가 탄생한 이 우주 세계에 호기심을 품고 알고 싶다는 욕망을 품는 것도 그런 차원의 문제가 아닐까. 작위적인 의도의 개입 없는 순전한 호기심.

우주를 둘러싸고 수많은 이슈가 있지만 지난 2021년 이래 지금까지도 사람들의 이목을 끄는 일이라면 제임스 웹 우주 망원경의 발사 성공이 아니었나 싶다. 2021년 12월 25일 드디어 발사에 성공해 이후 우주를 촬영해 보내온 사진이 NASA를 통해 공개될 때마다 사람들은 환상적인 우주의 모습에 놀라움과 경이

로움을 느꼈다.

지난 30여 년간 허블 우주망원경이 우리가 우주를 바라보는 시각을 완전히 바꾸어 놓았다. 지금 유튜브나 인터넷에 떠도는 수많은 아름다운 우주의 모습은 허블이 보내온 데이터를 지구에서 디지털 이미지 프로세싱(digital image processing)을 이용해 고선명도의 컬러 이미지로 제작한 것들이다. 허블은 최근 적외선 우주망원경 제임스 웹에게 그 영광의 자리를 내주긴 했지만, 근지구에서 2040년대까지도 우주 관측을 지속할 것으로 보인다. 물론 그보다 조금 일찍 수명을 다할 가능성도 있지만.

제임스 웹은 허블이 관측할 수 없었던 138억 년 전 빅뱅 후 우주의 탄생 초기 모습을 관찰하기 시작했다. 그 성능 면에서 허블보다 100배 가까이 뛰어나다고 알려지는데, 그 역시 그와 같은 고성능을 장착할 수 있었던 바탕에는 허블이 있다.

또 하나 큰 관심사는 제임스 웹이 외계행성의 대기권을 관찰하기 시작했다는 것이다. 지구는 태양과 일정한 거리를 유지함으로써 표면에 물이 액체 상태로 존재해 생명체가 번성할 수 있는 환경을 만들어 냈다. 지구와 같은 조건을 갖춘 외계행성이 얼마든지 있을 것으로 추측된다. 이런 외계행성들은 향후 인류의 새로운 보금자리가 될 수 있다.

그와 더불어 생명체가 과연 우리 주변에만 존재하는가,

제임스 웹 우주망원경 거울. 이 거울들이 우주 곳곳에 숨어 있는 비밀의 퍼즐들을 맞추는 데 도움을 줄 것이다. [출처: nasa.gov]

아니면 외계 즉 지구 밖에도 존재하는가를 찾는 것이다. NASA의 핵심 프로젝트 중 하나인 화성 탐사 역시도 생명체의 흔적을 찾는 것이 가장 큰 목적 중 하나다. 목성의 달인 유로파 탐사 미션도 결국 같은 맥락이다. 목성에도 달이 95개 정도 있는데 그중 하나인 유로파에는 액체 상태의 물이 지구보다 더 많을 것으로 예측된다. 또 토성의 달 중 타이탄은 메탄으로 이루어져 대기의 기압이 지구랑 거의 비슷하다. 이것들은 기본적으로 생명이 존재할 수 있는 근거가 되니까 이런 곳들에 대한 탐사를 통해 외계 생명을 찾고 있는 것이다.

한편 소행성 탐사와 소행성의 지구 충돌 같은 것도 큰 이슈다. 일본국립우주항공연구개발기구(JAXA)에서는 '하야부사 미션 1'과 '미션 2'를 통해 지구에서 200만 킬로미터 떨어진 돌무더기 소행성 이토카와, 또 지구에서 3억 2,000만 킬로미터 떨어진 소행성 '류구'에서 시료를 가져와 분석함으로써 향후 소행성 탐사와 태양계 형성 물질을 이해하는 데 도움을 줄 것으로 기대되고 있다. 이것은 세계 최초로 소행성에서 시료를 채취한 성과였다.

지난 2023년 10월 13일 NASA는 궤도 탐사선 '사이키(Psyche· 프시케)'를 소행성 '프시케'로 쏘아 보냈다(참고로 사이키는 프시케의 영어식 발음이다). 프시케는 인류가 16번째로 발견한 소행성이다.

1852년 이탈리아의 천문학자인 안니발레 데 가스프리스가 발견했다. 소행성 프시케는 관측할 수 있는 유일한 금속성 행성이다. 이 소행성은 폭이 278킬로터나 되는데, 사이키는 무려 6년의 비행을 거쳐 2029년 8월 16일 소행성 '16 프시케'에 도달한 후 21개월 동안 소행성 궤도를 돌며 소행성의 지질학적 특성, 원소 구성 등을 파악할 계획이다. 사이키 미션을 통해, 지구의 내부를 이해하는 데 과학적 도움을 줄 것으로 기대된다.

소행성은 태양계 형성의 초기 상태를 파악할 수 있게 해주는 화석과 같다고 한다. 그런 점에서 학문적 연구 가치가 크다. 반면 지구로 날아오는 소행성의 충돌은 큰 피해로 이어질 수 있어 이에 대한 관심도 꾸준하다.

우주 탐사와 관련해서는 순수한 과학적 탐구 외에 경제적 관심이 매우 뜨겁다. 최근 많은 나라들이 소행성 탐사에 열을 올리는 이유는 그곳에 지구에서 활용 가능한 자원이 다량 매장돼 있다는 것 때문이기도 하다. 우주 산업이 본격적으로 민간으로 확대되기 시작하면서 많은 우주 산업 분야 스타트업들이 부상하고 있다. 최근 스페이스X는 근지구상에 쏘아 올리는 우주 발사체의 재활용에 성공했고, 2021년에는 143개의 소형 위성을 팰컨 9 로켓에 한꺼번에 실어 발사하는 데 성공했다. 이는 로켓 발사의 비용 절감은 물론 로켓 운송의 새로운 시대가 도래했음을 알리는 사건이었다.

우주 관광도 사람들의 큰 관심사다. 이전에는 지구 밖 관광이 막연하고 불가능하게 느껴졌지만 지금은 그렇지 않다.

한편 우주 이슈가 등장한 이래 핫이슈 자리를 놓치지 않는 것은 바로 달 탐사다. 달 탐사를 통해 얻은 과학기술과 경험은 화성 인간 탐사의 준비 과정이고, 달은 그 전초기지의 역할을 하게 될 것이다.

우주의 경제적 가치가 가시화되면서 우주에서는 다양한 실험들이 진행되고 있다. 기초과학뿐 아니라 인간의 실생활과 관련한 실험들이 이뤄지고 있다. 난치 질환 치료에 획기적인 신약, 3D 프린터를 이용한 인공장기 제작, 특수 소재 개발 등 지구에서는 구현에 어려움을 겪는 분야들이 우주에서 돌파구를 찾고 있다. 우주 경제가 더 이상 과학자나 소수의 부자들에 국한된 일이 아니란 말이다. 나의 삶, 국가 경제와 직접적 연관을 맺고 있다.

우주 탐사는 정치적인 측면에서도 중요시되는데, 무엇보다 군사적 활용도가 크기 때문이다. 우주 기반 기술이 전투에 사용되면서 현대의 전쟁은 양상이 과거와 많이 달라졌다. 1990년에 발발해서 다음 해 초까지 계속된 걸프 전쟁에서는 미국이 GPS와 인공위성 기반의 미사일 경보 시스템 같은 첨단 기술과 장비를 사용한 덕에 고온 건조한 사막에서의 전쟁에서 신속하게 우위를 점할 수 있었다. 많은 역사가들은 이 전쟁을 인류 역사 최초의 '우주전쟁'이라 평가하기도 한다. 현대 전쟁에서는 무기도 중요하지만 무엇보다 적의 이동 감지와 정밀 공격 기술이 중요하다. 현재 우크라이나와 러시아의 전쟁에서도 다수의 첩보위성이 군사작전에 동원되고 있다.

지난 2023년 6월 24일, 러시아의 민간 군사기업 바그너 그룹이 모스크바로 진군을 시도해 전 세계를 깜짝 놀라게 했다. 쿠데타 과정이 날것 그대로, 전 세계에 거의 실시간에 가까울 만큼 빠른 속도로 전해졌다는 것. 전장을 손바닥처럼 내려다보고 있는 인공위성 때문에 가능한 일이다. 아마도 옛날 같았으면 쉬쉬하며 은폐됐다가 정권 교체기가 되어서야 세상에 알려지지 않았을까? 우주기술의 위력을 새삼 다시 한번 실감케 한 사건이었다.

정보가 승패를 좌우하는 것은 손자(『손자병법』의 저자)의 시대나 지금이나 다르지 않다. 우크라이나 전쟁은 러시아가 우크라이나 위성 인프라에 사이버 공격을 가하면서 그 막이 열렸다.

마지막으로 우주 탐사는 인류학적 측면에서 의미가 있다. 인류가 태생하고 지금까지 이 지구에 머물렀는데, 이제 우주 관광이나 달의 거주, 화성 탐사가 가능한 시대가 도래하고 있다.

60개의 스타링크 시험 위성. 팔콘 9에 탑재된 위성이 궤도에 진입하고 있다. [출처: wikipedia.org]

우리는 인류가 이제 지구 중심의 삶에서 우주로 확장해 가는 역사의 대전환기를 살고 있다.

허블 우주망원경과 제임스 웹 우주망원경

인류 역사에서 망원경은 어떤 의미일까? 인류는 아주 오래전부터 우리 태양계의 다른 행성과 수많은 별에 대해 궁금해하고 그 실체를 탐구해 왔다. 나의 시야 너머의 것을 궁금해하는 인간의 호기심과 열망은 그것을 실현해 줄 기구를 고민하게 되고 그 끝에 탄생한 것이 망원경이지 않을까. 처음에는 단순히 멀리 있는 물체를 좀더 자세히 보기 위해 확대하는 용도였으나 이것은 결국 인류를 지구 밖 세계로 이끌어 주었다. 이전에는 보지 못한 것을 보게 하고, 미지의 세계에 대한 꿈을 꾸게 해 주었다. 망원경은 무엇보다 우리 인류가 지구에서 보지 못한 것, 우주 밖의 세상을 관찰하고 이해하는 데 큰 기회를 제공했다.

지금으로부터 400년 전 갈릴레오는 망원경을 제작해 최초로 천체를 관측하며 우주에 대한 궁금증을 키웠다. 그 후로 다양한 망원경이 만들어져 우주를 관측하기 위해 애썼지만 지상의 대기로 인한 빛의 굴절 때문에 한계가 있었다. 마치 눈에 백내장이 낀 것과 비슷하다고 할까. 이 문제를 해결하려면 빛을 굴절시키는 대기권을 벗어나야 했다. 이런 고민과 연구 끝에 등장한 것이 허블 우주망원경이다. 대기권 밖에서 우주를 관측할 수 있게 된 것이다.

1990년 4월 NASA는 우주왕복선 디스커버리호를 통해 허블 우주망원경을 쏘아 올렸다. 허블은 지난 30여 년간의 관측을 통해 태양계와 은하계에 대한 이해의 폭을 확장시켜 주었다. 허블이 활동 초기부터 우주를 선명하게 관측한 것은 아니다. 초기에는 잘 안 보였다. 그래서 수리를 해야 했다. 허블은 근지구 상공 560킬로미터 지점에서 돌고 있는데, 여기에 우주인을 보내 여러 차례 수리를 했다. 그렇게 2009년까지 수선과 업그레이드를 해서 지금까지 관측을 이어 오고 있다. 최근 적외선을 사용해 관측하는 제임스 웹 우주망원경이 등장하면서, 허블은 수명이 끝난 것으로 생각할 수 있지만, 자외선과 가시광선을 사용해 관측하는 허블은 자신만의 고유 영역에서 임무를 대략 2040년대

2002년 3월 성공적인 임무를 마치고, 콜롬비아호의 로봇 팔을 떠나 다시 자신의 자리로 돌아가는 허블 우주망원경이 우아하게 떠 있다. [출처: nasa.gov]

허블 우주망원경이 관측한 구상 성단 테르잔 12. 우주 먼지가 빛에 어떻게 영향을 미치는지를 보여 주는 멋진 예이다. [출처: nasa.gov]

까지 수행해 나갈 것이다.

허블은 지구 밖 세계뿐 아니라 우리 지구의 탄생을 이해하는 데 큰 기여를 했다. 일단 허블 이전에 과학자들은 우주의 나이가 100억 년에서 200억 년 사이라고 상당히 모호하게 예측했는데, 허블이 우주의 나이를 138억 년 정도라고 관측해 주었다. 또한 허블의 관측으로 인해 블랙홀이 수많은 은하의 중심 핵 속에 존재한다는 사실도 새롭게 알게 되었다.

1929년 천문학자 에드윈 허블(Edwin Hubble)은 우주에는 하나의 은하계가 아닌 수많은 은하계가 존재하고 우주는 정지 상태라는 고정관념에서 우주가 팽창한다는 것을 관측했다. 그리고 그의 업적을 기리기 위해 이름 지어진 NASA의 허블 우주망원경은 우주의 팽창 속도가 가속화되고 있다는 것을 관측했다. 천체가 지구로부터 지속적으로 더 빠르게 멀어지고 있다는 것이다. 이 허블 우주망원경은 가시광선을 통해 대상 물체를 보는 원리를 이용한다. 가시광선과 자외선 영역에서만 물체를 포착할 수 있다. 그런데 초기 우주를 관찰하려면 적외선을 포착할 수 있어야 한다. 그건 우주에서 일어나는 도플러 효과 때문이다. 이를테면 구급차의 사이렌 소리는 가까이 오면 소리가 더 높아지고 멀어지면 소리가 낮아져 잘 들리지 않는다. 천체도 지구로부터 멀어지면 가시광선에 있는 것들은 보이는데 더 멀리 간 빛들, 그러니까 초기 은하계의 모습은 못 보게 되는 것이다. 예컨대 별들의 탄생지인 성운(Nebula)은 볼 수 있지만, 그 속은 볼 수 없다. 성단은 거대한 가스와 먼지 구름이다. 이 구름은 매우 높은 밀도로 형성되어 있어서 가시광선이 거의 뚫지 못하니 우리의 눈으로 볼 수가 없다. 이 경우 전파나 적외선과 같은 다른 파장대를 사용해 관측해야 한다. 사람들은 허블이 본 것으로부터 한발 더 나아가고 싶었다. 그 별들이 탄생한 곳의 내부, 즉 별의 탄생 과정을 보다 구체적으로 보고 싶은 갈망이 생겼다. 그렇게 해서 탄생한 게 제임스 웹 우주망원경이다.

제임스 웹은 이제 허블이 보지 못한 것을 볼 수 있다. 제임스 웹이 자리를 잡은 곳은 L2 라그랑주점이라는 곳인데, 지구와 태양 사이의 중력 균형점 중 하나이다. 지구와 태양 사이에는 이런 라그랑주점이 총 5곳이 있는데, 그중 한 곳인 L2는 지구로부터 150만 킬로미터나 떨어져 있다. 지구에서 달까지보다 4배나 먼 거리다. 다만 제임스 웹은 허블보다 훨씬 성능이 뛰어나지만 만약 문제가 발생한다면 허블과는 달리 우주인이 가서 수리할 수 없다. 이런 비유가 적절할지는 모르겠지만, 허블의 경우 초기에 시력이 나빠서 관측에 어려움을 겪었는데 우주인들이 시력 교정을 해 준 덕분에 지금까지 자세하고 선명하게 관측을 이어나가고 있다. 허블은 근지구에 위치해 방문 수리가 가능했지만 제임스 웹은 우주인이 가서 수리하기에는 현실적으로 너무 먼 거리에 자리하고 있다.

제임스 웹은 인프라 레드(Infra Red), 그러니까 적외선을 이용해 보면서 가시광선으로 관측을 해 온 허블이 보지 못한 것들을 관측하고 있다. 구름에 가려 별들이 탄생하는 곳을 못 봤는데, 이제 그 장면까지 생생하게 볼 수 있게 된 것이다. 또 현재까지 제임스 웹의 가장 큰 기여는 빅뱅 3억 2000만 년 후, 그러니까 아주 초기 은하계를 관찰했다는 것이다. 허블이 찾은 138억 년 우주의 역사에서 초기 몇 페이지를 분실해서 그동안 그 시기를 알 수 없었는데, 그 잃어버린 페이지를 제임스 웹이 찾아서 읽어 주는 것이다.

그다음에 또 중요한 것은 제임스 웹이 외계행성의 대기까지 관찰하기 시작했다는 점이다. 이는 처음 있는 일이다. 또한 생명의 기초가 되는 탄소 화합물을 우주 공간에서 관측하는데, 이 발견을 통해 지구에서의 생명 기원과 태양계 밖 생명체의 존재 여부를 이해하는 데 큰 도움을 줄 것으로 기대된다.

제임스 웹은 앞으로 20년간 활동을 할 예정이다. 이제 활동을 시작한 지 1년 조금 넘었지만 놀라운 성과들을 보고하고 있어, 이 망원경이 앞으로 얼마나 많은 우주의 비밀들을 우리에게 알려 주게 될지 기대가 크다.

머큐리와 제미니가 알려 준 것들

인류를 최초로 달에 착륙시킨 아폴로 미션은 머큐리(Mercury) 미션과 제미니(Gemini) 미션이라는 선행 탐사가 있어서 가능했다. 구소련과의 우주 경쟁에 대응하기 위해 미국은 1958년 미항공우주국 NASA를 신설한다. 머큐리 미션은 우주인의 안전한 우주 탐사와 지구로 귀환에 필요한 기술력 습득을 위해 1958년부터 1963년까지 6차례 진행된 미국 최초의 우주 비행 계획이었다. 1958년 12월 17일에 우주비행사를 지구 궤도에 비행시키겠다는 머큐리 계획을 발표하였다. 1961~1963년 동안 6명의 우주인을 비행시키겠다는 것인데, 처음에는 그 안정성을 담보할 수 없어 무인 로켓 발사, 원숭이와 챔팬지를 보내어 각종 실험을 진행했다. 그러다가 1961년 5월 5일 유인 우주선 프리덤(Freedom) 7호에 앨런 B. 셰퍼트 주니어(Alan Bartlett Shepard, Jr.)를 태워 보냈다. 다만 이것은 포물선을 그리며 500킬로미터를 나는 탄도 비행을 했을 뿐이고 완전한 유인 우주 비행에 성공한 것은 1962년 2월 20일 존 H. 글렌 주니어(John Herschel Glenn, Jr.)가 탑승한 프렌드십(Friendship) 7호였다. 지구를 3회전 한 뒤 무사히 돌아온 것이다.

머큐리 미션으로 유인 우주 비행에 성공하자 당시 미국 대통령 존 F. 케네디(John Fitzgerald Kennedy)는 역사적인 선언을 하였다.

> "미국은 앞으로 10년 내에 사람을 달에 착륙시키고, 지구로 무사히 돌아오게 하는 목표를 달성한다."

이것이 제미니 미션의 시작이다. 1964년 4월 8일과 1965년 1월 19일에 제미니 1, 2호가 우주인 없이 성공적으로 발사되었고, 1965년 3월 23일 버질 I. 그리섬(Virgil I. Grissom) 소령과 존 W. 영(John W. Young) 소령이 탑승하여 발사된 것을 시작으로 1966년 11월 제미니 12호의 마지막 비행까지 성공적으로 이루어졌다. 제미니 미션에서는 사상 최초로 우주에서 우주선끼리의

제미니 4의 첫 번째 우주선 외 활동. 우주비행사는 에드워드 화이트(Edward White)
이다. [출처: nasa.gov]

도킹에 성공하는 등 상당한 성과를 거두었다.

이렇게 머큐리와 제미니 덕분에 인류 최초로 달에 착륙한 아폴로 미션이 가능했던 것이다. 그 과정에서 아폴로 1호 발사 연습에서는 우주선 속에서 발생한 화재로 인해 우주인 3명이 희생되는 아픔이 있기도 했다.

머큐리 미션이 인류가 우주로 나갈 수 있다는 것을 증명했다면, 제미니 미션은 유인 우주 탐사에 필요한 기술 습득을 위한 실험을 해 나갔다. 궤도 변경, 우주 비행체와의 도킹, 우주인이 우주선 밖 공간을 걸어 보는 실험, 그때 필요한 장비, 또 달 탐사를 위해서는 최소한 2주 이상의 시간이 필요한데, 그 기간 동안 음식과 산소 공급은 어느 정도로 이루어져야 하는지 등을 실험했다. 아폴로 미션의 성공을 위해 꼭 습득해야 하는 우주기술들이었다. 이렇게 제미니 미션을 1966년에 끝내고 1969년 7월 드디어 아폴로 미션을 통해 인간의 최초 달 착륙이 이뤄지게 된다.

NASA는 다시 아르테미스 미션을 통해 달로 향하고 있다. NASA는 2022년 달을 돌고 온 무인 탐사 아르테미스 1을 성공시켰고, 2024년 유인 탐사 아르테미스 2를 통해 달의 궤도를 돌고 오고, 2025년 아르테미스 3은 인간의 달 착륙, 2028년 아르테미스 4는 루나 게이트웨이와의 도킹 및 인간의 달 탐사, 그리고 향후 달 기지 건설 등 추가 탐사를 준비하고 있다.

화성의 지질학자들,
큐리오시티 로버와 퍼서비어런스 로버

큐리오시티 로버(Curiosity rover)는 NASA의 화성 탐사 로봇이다. 900킬로그램 정도 중량에 크기는 소형 자동차만 한 크기다. 2012년 8월 화성에 착륙한 큐리오시티는 화성에 옮겨 놓은 작은 실험실과 같다고 할 수 있다. 한편 2021년 2월에는 퍼서비어런스 로버(Perseverance rover)가 화성에 착륙했다. 이 둘은 화성의 지질학자라고 할 수 있다. 이 둘을 비교하면서 이들이 하는 일을 한번 살펴보자.

큐리오시티는 탐사에서 화성이 과거에 생명의 거주가 가능한 환경이었다는 것을 발견했다. 미생물들의 생존에 필요한 화학 물질들인 황, 질소, 산소, 인, 탄소를 찾아냈고, 유기분자(organic molecules)와 메탄(methane)도 측정했으며, 과거에 물이 있었던 흔적도 찾아냈다. 퍼서비어런스 로버는 큐리오시티의 여동생 정도로 볼 수 있는데, 크기는 비슷하지만 언니 큐리오시티보다 더 큰 과학 장비와 표본 채취 장비를 탑재하고 언니가 경험한 고무바퀴의 훼손을 막기 위해 금속바퀴로 대체하면서 중량은 1000킬로그램이 넘게 되었다.

그럼 이 여동생이 부여받은 임무는 무엇일까. 과거 화성에서 생명이 정말 존재했을까, 혹 지금도 존재하고 있는 생명이 있는가를 탐사하고, 앞으로 인간이 화성 탐사를 진행할 때 도움이 되는 자원이 있는지, 위험한 요소는 무엇인지, 그리고 2026년 화성으로 향하는 샘플 리턴 미션(Sample Return Mission)이 지구로 갖고 올 화성의 먼지, 흙, 자갈 등의 표본들을 여러 지역을 탐사하며 열심히 채취해서 한 곳에 모아 두는 임무를 수행한다. 마치 퍼서비어런스 로버는 우리가 지구에서 화석을 찾는 것과 같은 작업을 하고 있다. 화석을 통해서 과거에 어떤 생명이 이 지구상에 존재했는지를 알 수 있듯이, 퍼서비어런스 로버는 그런 화석 같은 생명의 흔적(biosignature)을 찾고 있다.

한편 큐리오시티는 혼자 탐사를 이어 가고 있다. 반면 퍼서비어런스에게는 일종의 서포터가 함께한다. 인제뉴어티(Ingenuity)라는 소형 헬리콥터가 그 주인공인데 퍼서비어런스의 바닥에 붙어 있다가 화성에 도착한 후 분리되었다. 높이 0.5미터, 회전날개 길이 1.2미터, 중량 1.8킬로그램 규모다. 화성은 대기 밀도가 지구 대기의 1퍼센트도 안 되는데, 그곳에서 사상 최초로 화성 하늘을 비행하는 데 성공했다.

인제뉴어티는 화성의 대기에서 비행이 가능한지 기술적 실험을 주 목적으로 하고 있다. 인제뉴어티는 비행을 하면서 과학적으로 탐사 가치가 있는 곳을 사전에 살펴서 퍼서비어런스 로버에게 알려 준다. 2년 반 넘는 기간 동안 60여 차례 총 100분 넘게 고도 20미터 높이까지 비행에 성공했다. 인제뉴어티의 성공적 비행은 후속 화성 탐사와 우주 다른 곳에서의 새로운 비행 탐사의 길을 열었다는 데 큰 의미가 있다.

이전에도 화성에서 탐사를 한 로버가 있었다. 1997년에 착륙한 마이크로오븐 크기의 소저너(Sojournor), 2014년 착륙한 골프차 크기보다 조금 작은 스피릿(Spirit)과 오퍼튜니티(Opportunity)가 있다. 그런데 이들 로버와 퍼서비어런스가 다른 점은 스스로 지형을 분석하고 주행을 해 갈 수 있다는 점이다. 퍼서비어런스가 다른 로버들보다 빠르게 움직일 수 있는 가장 큰 이유는 자율주행시스템 오토네브(AutoNav) 기능을 갖추었기 때문이다. 다른 로버들은 다음 이동을 위해 주위를 살피고 지구에 있는 NASA

의 연구원들에게 지형 관련 정보를 화성 궤도를 돌고 있는 인공 위성을 통해 보낸다. 지구와의 한 방향 통신은 평균적으로 13분에서 24분이 소요된다. NASA 연구원들이 이들 정보를 분석한 후 이동 명령을 전할 때도 비슷한 시간이 소요된다. 이런 이유로 이전 로버들이 일정 거리를 이동하는 데는 시간이 많이 걸릴 수밖에 없었다. 물론 퍼서비어런스도 위험한 구간에서는 지구의 NASA 연구원들과 소통을 한 후 다음 이동 경로를 결정하지만 자율주행 능력을 갖춘 덕분에 이동 시간을 많이 줄일 수 있다.

2023년 4월 큐리오시티도 소프트웨어를 업그레이드해서 과거보다는 빠르게 움직이고 에너지 사용도 줄이게 되었다. 참고로 화성과 지구와의 평균 거리는 약 2억 2500만 킬로미터다. 이는 지구와 태양과 거리의 약 1.5배이다. 태양의 빛이 지구에 도착하는 데는 8분 20초가 소요된다. 시그널은 빛의 속도로 이동하니 약 13분이 화성에서 지구로 오는 데 소요된다.

우주 탐사에선 무엇보다 AI가 중요하다. 로버가 웅덩이에 빠지거나 돌에 부딪히기라도 하면 문제가 생길 수 있다. AI는 이런 문제들을 만났을 때 빨리 판단을 내리고 스스로 처리할 수 있다. 퍼서비어런스는 큐리오시티의 경험에서 유용한 힌트를 얻었다. 알루미늄으로 된 퍼서비어런스의 6개 바퀴는 큐리오시티의 6개 바퀴에 비해 지름은 크고 폭은 좁게, 그러나 홈은 2배로 늘

렸다. 당연히 둘 사이 시간적 차이로 인해 기술 면에서 차이가 날 수밖에 없다. 스마트폰을 생각해 보자. 2012년 모델과 2021년의 모델은 그 안에 탑재된 기술의 격차가 비교가 무의미할 정도다. 카메라 성능만 보더라도 2012년에는 포착 불가능한 것들이 지금은 너무도 선명하게 포착할 수 있다. 이제 스마트폰으로 달을 찍는 시대다.

태양열 집열판으로 에너지를 공급받았던 소저너, 스피릿, 오퍼튜니티 로버와는 달리 큐리오시티와 퍼서비어런스는 핵연료를 이용한다. 크기가 크고 상대적으로 무거운 두 로버는 플루토늄-238이 자연 붕괴할 때 발생하는 열을 이용한다. 아주 단순화해서 설명한다면, 겨울에 사용하는 핫패드에 비유해 볼 수 있다. 핫패드는 열을 낼 때 서서히 만들어 내고 또 그 열은 아주 강력하지는 않다. 로버의 동력도 그런 원리 같은데, 서서히 에너지를 내면서 장비를 보호하는 한편으로 에너지도 지원해서 장비가 작동할 수 있는 구조이다.

퍼서비어런스는 미생물체의 흔적을 찾는 것이 가장 큰 임무 중에 하나라고 했다. 그럼 그런 흔적을 찾는 이유는 뭘까? NASA의 과학적 탐사는 우주의 비밀을 밝히고, 지구 밖에도 생명체가 존재하는가 하는 의문에 답하고, 지구를 지키고 인류의 삶을 개선하는 것이다. 화성에서의 생명체 흔적 찾기는 NASA의 과

큐리오시티 로버 암 카메라로 찍은 큐리오시티의 모습. 뒤는 샤프 산(Mount Sharp)과 분화구의 북쪽 벽이 보인다. [출처: wikipedia.org]

학 탐사 목적에 부응한다. 또 아르테미스 달 미션과 퍼서비어런스 로버의 화성 탐사는 인간의 화성 탐사를 위한 사전 작업 역할을 한다. 퍼서비어런스는 화성에서 어떤 건축 자재를 사용할 수 있을지, 위험 요소는 무엇인지 등을 알아보고 있다. 또한 화성은 대기의 약 96퍼센트가 이산화탄소로 이루어졌다. 이 이산화탄소 즉 CO_2는 탄소 하나에 산소 두 개인데, 이런 환경에서는 우주복 착용 없이 실외에서는 생존할 수 없다. 그래서 퍼서비어런스 로버는 산소를 추출해 내는 막시(MOXIE)라는 장비를 부착하고 있다. 산소는 매우 중요한 요소다. 화성에 가더라도 우주인이 숨을 쉬어야 하고, 또 화성에서 지구로 되돌아올 때 추진체를 위해서도 산소가 필요하다. 실제 퍼서비어런스에 장착된 막시 실험 장치를 이용해 산소를 추출하는 데 성공했다. 이제는 대량 생산을 할 수 있는 방법을 고민하면 된다.

인제뉴어티에서 100년 전 라이트 형제를 보다

1903년 12월 라이트 형제는 인간으로서는 처음으로 모터를 이용해 지구의 하늘을 날았다. 약 12초 동안 36미터를 날았는데, 이 짧은 시간의 비행이 그로부터 120년이 지난 오늘날 인류의 삶에 어떤 변화를 가져왔는가. 경제 활동, 문화 활동, 사람 간의 이동, 인간의 삶과 관련된 모든 것이 비행체로 인해 말할 수 없이 확장되고, 세계가 하나의 권역이 되었다.

2021년 4월 NASA의 인제뉴어티(Ingenuity) 헬리콥터가 화성의 하늘을 모터를 이용해 최초로 날아올랐다. 지구 밖 다른 행성에서의 첫 비행 성공이라는 역사적인 사건이다. 화성 탐사차(Rover)는 이전에도 있었다. 일단 큐리오시티가 있고, 인제뉴어티와 함께 간 퍼서비어런스가 있다. 퍼서비어런스는 큐리오시티보다 성능도 좋아지고 AI 능력도 갖췄지만, 지구와 교신하면서 움직이다 보면 하루에 100미터에서 최대 300미터 조금 넘게 이동한다. 또 움직이다가 언덕에서 구르거나 웅덩이에 빠지거나 자갈에 부딪히면 문제가 생길 수 있다. 그래서 천천히 조심해서 이동하면서 탐사를 진행해야 하기에 하루에 움직일 수 있는 거리가 제한적일 수밖에 없다.

그런데 날아서 탐사를 한다면 어떻게 될까? 장애물이 없어지니 훨씬 빠르게 이동하면서 더 많은 것들을 탐사할 수 있게 된다. 그런데 그동안 화성에서 이런 비행 탐사 장비의 활동이 어려웠던 것은, 화성에는 대기가 거의 없기 때문이다. 지구에서 비행기가 날기 위해서는 작용 반작용에 의해서 공기를 밀어야지 부력을 이용해서 날아갈 수 있다. 새나 비행기의 날개는 윗면은 공기가 빠르게 흐르고 아랫면은 상대적으로 공기가 느리게 흐르도록 만들어졌다. 공기가 빠르게 흐르는 윗면은 압력이 약해지고 공기가 느리게 흐르는 밑면은 상대적으로 압력이 높으니 새나 비행기가 뜨는 것이다. 이것을 베르누이의 원리라고 한다.

조금 단순하게 설명해 보면, 위 손과 아래 손을 서로 눌러 보자. 그다음에 위 손의 힘을 좀 약하게 해 본다. 그러면 위 손이 약간 올라갈 것이다. 그게 새와 비행기가 나는 원리다. 이런 작용은 공기가 있어야 일어날 수 있다. 그런데 화성의 대기는 지구의 1퍼센트도 되지 않아 비행 탐사 장비를 적용하기가 그동안은 어려웠던 것이다. 그런 점에서 볼 때 인제뉴어티는 NASA 엔지니어들의 대단한 성취인 셈이다.

화성 탐사에서 과학자들이 걱정한 것 중에 하나가 화성 먼지다. 화성에 착륙해서 탐사를 할 때 어떤 식으로든 먼지가 발생할 거고, 또 그것이 기체 안으로 들어올 가능성이 있다. 그럼 그건 기체 결함뿐 아니라 우주인의 건강을 해칠 수 있다. 미세한 화성 먼지는 암과 호흡기질환 등 각종 병을 유발할 수 있는 독성 물질이 포함된 것으로 과학계에서는 판단하고 있다. 그런데 비행이 가능하면 그만큼 먼지 발생을 줄일 수 있게 되어 훨씬 안전한 상태에서 탐사를 진행할 수 있게 되는 것이다. 물론 지상에서의 탐사도 병행하겠지만.

또 퍼서비어런스 같은 탐사차는 착륙지에서 가까운 거리만 갈 수 있기 때문에, 탐사 지역이 제한적이다. NASA는 화성 적도에서 북위 및 남위 50도 지역에서 인간 착륙지를 찾고 있는데, 로버나 차량으로 이동을 한다면 광범위한 지역 탐사는 힘들 것이다. 지구에도 육지에는 차, 해상에는 배, 하늘에는 비행기를 이용해 지역 간, 국가 간 이동을 한다. 화성에서도 지상 이동 수

화성의 인제뉴어티 헬리콥터(일러스트레이션). 인제뉴어티는 퍼서비어런스 로버에 실려 2021년 2월 18일에 화성에 도착했다. [출처: nasa.gov]

단뿐만 아니라 하늘을 나는 헬리콥터, 드론, 비행기 등 다양한 수단을 이용한다면 탐사 지역을 지금보다 훨씬 확장할 수 있을 것이다.

우선 인간 화성 탐사는 인간이 직접 착륙하기 전에 먼저 로버나 무인 드론 및 헬리콥터를 이용한 탐사가 먼저 이뤄질 것으로 보인다. 특히 안전이 보장되지 않는 지역 탐사는 기계 탐사가 바람직할 것이다. 그렇게 해서 안정성이 확보되면 이후 인간의 직접 탐사를 고려해 볼 수 있다.

인제뉴어티는 비행을 이용한 탐사나 운송의 가능성을 보여 주었다. 머지않아 드론이 아마존의 딜리버리처럼 기지와 기지를 다니면서 배송을 해 줄 수도 있겠다. 인제뉴어티는 화성뿐만 아니라 대기가 조금이라도 있는 곳에서는 비행에 의한 탐사가 가능하다는 것을 보여 줬다. 지상의 퍼서비어런스 로버와 하늘의 인제뉴어티가 협력하면서 우주 탐사는 또다시 새로운 시대를 맞이하고 있다.

암흑물질과 암흑에너지의 비밀

'암흑'이라고 하면 검정색을 떠올린다. 우주도 누군가에겐 그런 느낌일 것이다. 칠흙. 깊은 어둠 같은 무엇. 그럼, 암흑물질, 영어로는 다크 매터(dark matter)는 무엇일까? 또 암흑에너지 그러니까 다크 에너지(dark energy)도 있다.

이 암흑에너지는 검정색은 아니고 '보이지 않는다'는 의미다. 대공황이 전 세계 경제를 강타한 1929년 천문학자 에드윈 허블은 천문학계에 지각변동을 일으킨다. 허블은 미국 로스앤젤레스 근교에 위치한 윌슨산천문대(Mount Wilson Observatory)에서 관측을 통해 우주가 정지해 있는 것이 아니라 팽창하고 있다는 사실을 밝히게 된다. 그리고 70년 뒤 1998년 허블 우주망원경은 우주의 팽창 속도가 시간이 지날수록 더욱 빨라지고 있다는 것을 관측하고 그 원인으로 암흑에너지를 주목한다. 일종의 '미지의 힘'이 있다는 것이다.

그런데 이렇게 우주가 팽창하면 은하계와 은하계, 별과 별 사이가 점점 멀어지는 건데, 과학자들이 보기에 뭔가 좀 이상한 점이 있었다. 이렇게 멀어지는데 별들은 어떻게 집단을 형성하는 걸까. 그래서 찾아보니 우주에는 암흑물질이라는 게 있는데, 이것들은 서로를 뭉치게 하고 끌어들이는 힘이었다. 반면 암흑에너지는 팽창하게 하는 힘이라고 인식하게 되었다.

지금 과학계에서는 우주는 약 68퍼센트를 구성하는 암흑에너지, 약 27퍼센트를 구성하는 암흑물질, 그리고 우리 눈에 보이는 은하계, 별, 태양, 행성 등을 포함한 천체들이 5퍼센트 정도를 차지하는 것으로 본다.

NASA는 제임스 웹 우주망원경을 개발하면서 2027년 '낸시 그레이스 로먼 우주망원경'을 발사할 계획도 밝혔다. '낸시 그레이스 로먼 우주망원경'의 이름은 허블 우주망원경의 어머니로 불리는 낸시 그레이스 로먼의 이름을 딴 것으로 현재 성능은 허블보다 100배 넓은 시야로 더 적은 시간 동안, 너 넓은 영역을 관측할 수 있다고 한다. NASA는 이 낸시 그레이스 로먼 망

은하단 아벨(Abel). 암흑에너지의 수수께끼를 풀기 위한 탐구에서 중요한 진전을 이루었다. [출처: nasa.gov]

원경을 이용해 우주의 물질 분포를 파악하고, 이를 통해 우주의 팽창과 시간에 따른 암흑에너지의 영향을 밝히려는 것이다. 암흑물질의 비밀을 밝히는 작업과 함께 외계행성 탐사도 수행하게 될 것이다.

미국뿐 아니라 유럽, 일본, 중국, 한국 등 많은 나라가 차세대 우주 망원경 개발 사업에 나서고 있다. 사람의 눈으로는 볼 수 없는, 지구에서는 볼 수 없는 우주의 비밀을 풀기 위해서는 그야말로 '필수템'이다.

일단 과학계에서 논리적 추론이 세워지면, 이제 그 사실 여부를 확인하기 위해 실질적 관측에 나서는 것은 NASA의 오래된 스타일이다.

우주 기상청, 오늘 화성에 비가 올 확률 80퍼센트

"오늘 화성의 분화구 주변 최고기온은 영상 10도, 최저기온은 영하 103도입니다."

화성의 2023년 11월 1일(지구 시간 기준) 일기예보이다. 가상으로 적어 본 것이 아니라 실제 NASA에서는 화성 탐사 로버 '퍼서비어런스'가 관측한 화성의 날씨를 제공하고 있다. 화성의 연평균기온은 약 영하 63도지만 겨울철에는 영하 140도까지 떨어지는 지역이 있고, 여름에 해가 떠 있을 때는 영상 21도까지도 오른다고 한다. 더욱이 하루에도 해가 있을 때와 없을 때의 기온

차가 매우 커서 만약 인류가 화성 탐사에 나선다면 이에 대한 대비가 필요하다.

지구 삶에서 일기예보는 꽤 많은 영향을 끼치고, 때로는 큰 위험으로부터 인간의 생명을 보호하기도 한다. 특히 여름철 태풍이나 큰비, 겨울철 혹한과 폭설 등에 대한 예고는 우리의 안전과 직결된다. 우리는 일기예보를 통해 위험에 대비할 수 있다.

그럼 우주에서는 어떨까? 태양은 지구 환경에 크나큰 영향을 주는 존재다. 지구의 생명체는 태양이 공급해 주는 에너지가 있어 존재가 가능하다. 반면 태양이 너무 강력한 태양풍이나 고에너지 입자를 뿜어내면 우리의 안전이 위협받는다.

극지방에서 하늘을 아름답게 물들이는 오로라는 전하를 띤 입자들의 흐름인 태양풍이 지구 자기장권 그리고 21퍼센트 산소와 78퍼센트 질소로 이루어진 대기에 진입하면서 발생하는 현상이다. 오로라는 바라보기에는 아름답지만 태양이 주는 고에너지가 너무 강할 때는 위험할 수 있다. 태양이 만들어 낸 고에너지 입자들이 지구 밖에 있는 위성통신의 표면을 뚫고 들어와 내부의 전자장비나 메모리에 오작동을 일으킬 수도 있다. 이런 위성통신은 기상예보에도 쓰이고, 비행하는 비행기에도 정보를 제공하는 등 이로운 점이 많지만 여기에 오류가 생기면 그것은 단순 기계장비의 오류에 그치는 것이 아니라 대규모의 인명피해

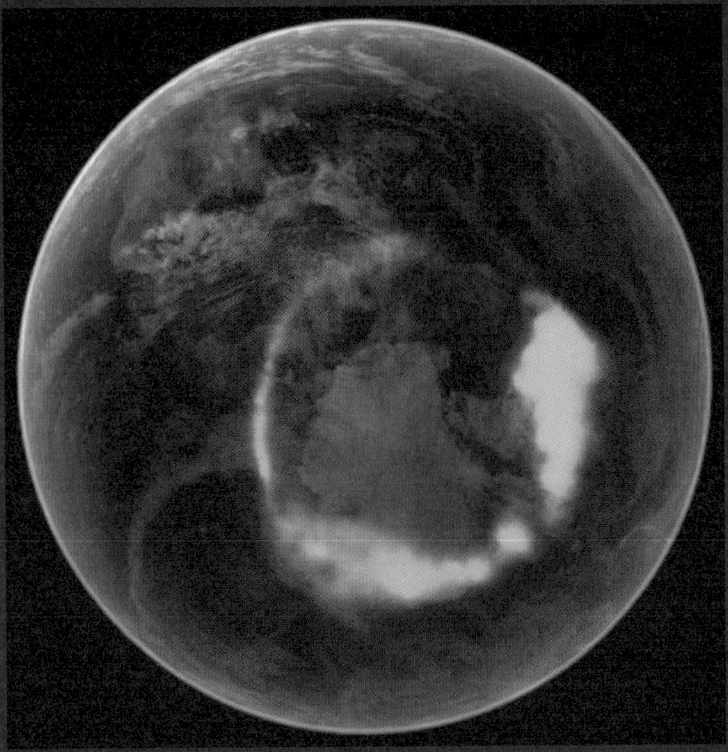

우주에서 바라본 오로라 오스트랄리스 모습. 태양이 만들어 낸 고에너지 입자들은 지구 밖에 있는 위성통신의 표면을 뚫고 들어와 내부의 전자장비나 메모리에 오작동을 일으킬 수도 있다. [출처: nasa.gov]

를 동반하는 재난일 수 있다.

때로 에너지가 강력할 때는 전력망에까지도 타격을 준다. 태양의 강력한 에너지 활동을 계속 관찰하고 향후 진행 과정을 예측해야 하는 이유다. 그래서 우주 기상예보를 통해 대비를 하는 것이 필요하다.

우주 기상예보가 태양이 과다한 방사선을 노출한다고 알려오면 북극 항로를 경유하는 비행기들은 승객과 승무원의 안전을 위해 비행 항로를 변경하는 대책을 미리 세울 수 있다. 그래서 한국의 천문연구원과 미국 해양대기청 노아(NOAA) 같은 기관에서는 태양풍의 활동, 태양 고에너지 활동에 대해서 계속 관측하면서 우주 기상예보를 하고 있다.

우주 기상예보는 우주 탐사에서도 필수이다. 태양의 고에너지는 우주선과 우주정거장에 그리고 우주인 건강에 타격을 줄 수 있기 때문에 우주인들은 우주 기상예보를 통해 갑작스러운 태양풍 및 태양의 강력한 방사선 폭발로 발생하는 솔라 플레어(Solar Flare)에 대비해 비상대책을 마련할 수 있다. 앞서 언급한 것처럼 인류가 탐사를 나갈 행성의 기온 변화를 미리 알 수 있다면, 탐사에 필요한 장비나 우주복 같은 것을 설계하고 제작할 때도 미리 반영해서 위험에 대비할 수 있게 될 것이다.

우주쓰레기는 얼마나 심각할까?

2023년 10월 미국 정부가 처음으로 우주쓰레기를 지구 궤도에 방치한 위성TV 업체 '디쉬 네트워크'에 벌금을 부과했다고 한다. 지금 지구 궤도 주변 우주에는 많은 쓰레기들이 돌아다니고 있다. 1950년대 말 구소련에서 처음 인공위성을 쏜 이래 현재까지 무수한 우주쓰레기가 만들어졌다. 우주쓰레기란 인간이 만든 물체가 역할을 다한 후 지구 궤도를 무작정 떠다니고 있는 것들을 말한다. 우주쓰레기는 퇴역한 인공위성 포함 우주선 상단 부분의 분리 과정, 우주선과 위성의 작동 과정에서 발생한 폐기물로 이루어져 있다.

2022년 기준 총 9,000톤의 우주쓰레기가 지구 주변을 떠돌고 있는데 크기별로 보면 10센티미터 이상 크기 약 2만 5,000개, 1~10센티미터 크기 약 50만 개 포함 총 1억 개가량의 1밀리미터 이상 크기의 우주쓰레기가 총알의 8배에서 10배 이상의 속력으로 지구 궤도를 돌고 있다. 그중 3분의 1은 2007년 중국의 의도적 자국 위성 폭발과 2009년 미국 위성과 러시아의 퇴역한 위성의 충돌사고로 발생했다. 우주쓰레기 밀도가 가장 높은 고도는 750킬로미터에서 1000킬로미터 사이이다.

미래에 발생할 쓰레기를 줄일 수 있는 방법은 효율적 디자인으로 우주 발사와 작동 과정에서 쓰레기 배출을 최대한 줄이는 것이다. 현재 존재하는 쓰레기를 처리하는 가장 좋은 방법은 지구 대기로 진입시켜 강한 공기와의 마찰로 인해 타 버리게 하는 것이다. 그런데 우주쓰레기가 지구 대기로 떨어지는 데 고도 600킬로미터 아래에 위치한 경우 수년, 800킬로미터에 위치한 경우 수백 년, 1000킬로미터에 위치한 경우 천년 이상이 걸린다.

최근에는 인공위성이 소형화되고 인공위성 서비스의 급증으로 우주쓰레기 역시 증가하는 추세다. 많은 쓰레기가 지구 궤도를 떠돌아다니게 되면 당연히 충돌 위험이 증가한다.

우주쓰레기는 전쟁터에 날아다니는 총탄으로 비유할 수

있다. 국제우주정거장도 작은 크기의 우주쓰레기와 상시적으로 충돌한다. 강한 보호막으로 피해를 막고 있기는 하지만 큰 우주쓰레기와 충돌할 경우 기계 파손으로 이어지기 때문에 선제적 궤도 변경으로 위험을 피하고 있다. 우주로 보내는 우리들의 자산과 우주인의 안전을 위해서는 우주쓰레기 문제는 해결해야 할 당면과제다.

20세기 초 자동차가 막 등장했을 때 자동차가 배출하는 매연에 대해 크게 고려하지 않았다. 하지만 환경오염 문제가 심각해지면서 사용하는 연료도 제한하고, 매연 저감장치를 의무적으로 장착해야 하는 등 여러 규제들이 생겨났다. 판매자와 사용자 모두에게 책임을 지게 한 것이다. 이제 우주 활동에도 이런 규제들이 필요한 시점이다. 발사체 업체는 상단 부분이 가능한 지구 근처에서 분리되어 우주로 떠돌지 않고 지구 대기권 내 안전한 지역에 추락하게 함으로써 우주쓰레기를 줄이는 노력을 해야 하고, 인공위성 제작자는 인공위성이 퇴역 후 추진체를 달아 스스로 지구 대기로 낙하하게 함으로써 우주쓰레기를 줄일 수 있다.

지금 이루어지고 있는 우주 사업 관련해서도 이 쓰레기 문제를 반드시 짚고 넘어가야 한다. 유엔 차원에서도 우주쓰레기 문제가 논의가 되고 있고, NASA, 유럽우주국, 러시아연방우

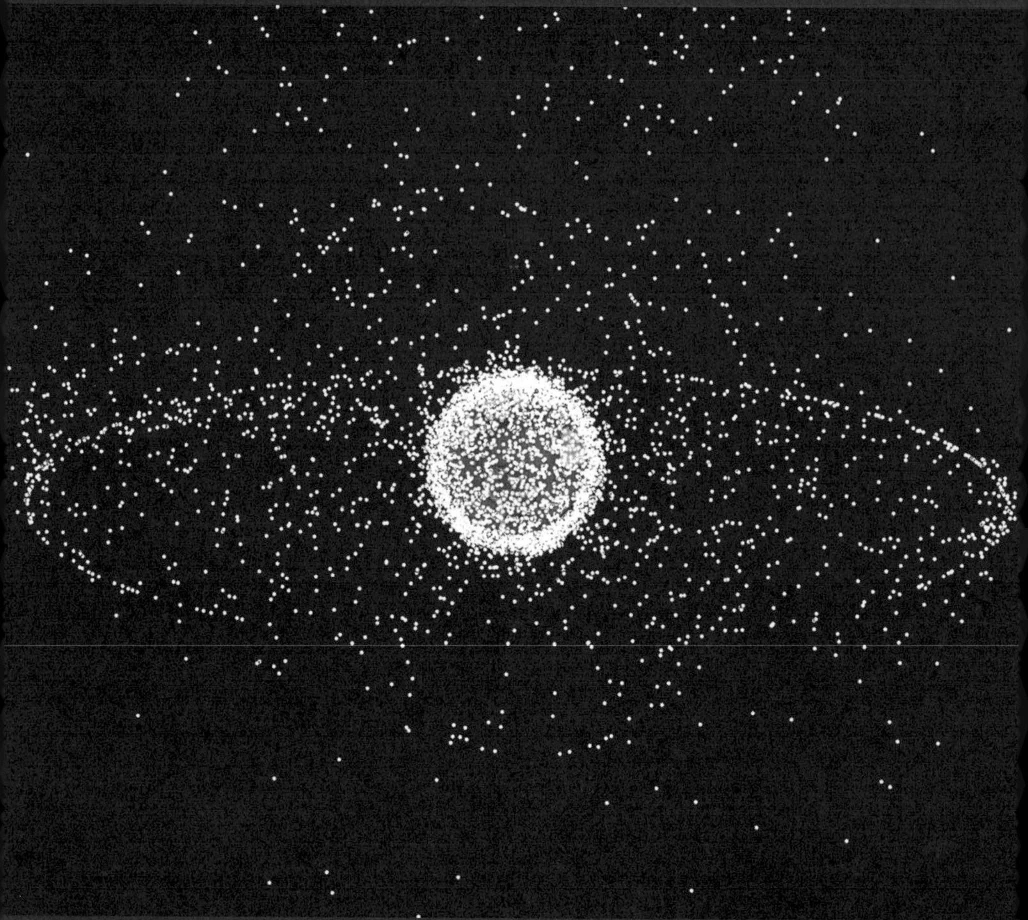

우리 대기를 돌고 있는 모든 잔해를 보여 주는 컴퓨터로 구성된 데이터. [출처: wikipedia.org]

주공사, 일본국립우주항공연구개발기구 등은 우주쓰레기 문제의 심각성에 대해 공감하고 이에 대한 대처 방안을 모색하고 있다. 예컨대 고도 2만 3,600킬로미터 지구 정지 궤도는 위성을 사용한 후 궤도에서 밖으로 이탈시켜 향후 다른 위성에게 자리를 내주는 방법을 택하고 있다.

우주 탐사로 배출된 우주쓰레기들은 마치 국립공원인 설악산에 놀러 갔다가 그곳에 아무렇게나 쓰레기를 투척하고 온 것과 같다. 우주를 사용하는 국가들과 기업들은 안전한 우주 환경을 위해 책임감 있는 행동이 필요하다. 국제 협력이 필요한 때이다. 유엔 같은 국제기구를 통해 우주에서 사업을 하고 또 그것을 이용하는 사용자들이 모여 국제 협약을 맺고 대처 방향을 모색해야 한다. 그렇지 않으면 지금 지구가 환경오염으로 모두가 피해를 보는 것처럼 우주에서도 같은 일이 벌어질 것이다. 심우주를 향한 인류의 도전이 어쩌면 우주쓰레기로 인해 근지구에서 좌절될 수도 있다.

우주쓰레기와 관련해서는 일단 두 가지 문제를 생각해 볼 수 있다. 먼저는 지금까지 배출한 쓰레기들을 어떻게 할 것인가 하는 것이다. 우리는 지금까지 우주 산업에 뛰어든 기업들을 선망의 눈빛으로만 바라봤다. 하지만 이들 기업의 수많은 시도는 한편으로 우주에 엄청난 쓰레기를 만들었다. 대한민국과 일본의 우주 청소 기업 우주로테크와 아스트로스케일 같은 회사가 우주 쓰레기 처리 사업에 적극 나서고 있는데, 점점 이 분야는 더 활성화될 것으로 보인다. 무엇보다 이 쓰레기들을 만든 국가나 기업들이 책임 있게 나서야 한다.

지구의 기업들은 이제 자신들이 물건을 만들면서 나오는 오염물질이라든가 수명을 다한 폐품은 직접 처리해야 한다. 당연히 이와 관련한 법 조항과 사회적 규제도 있다. 우주 산업에서도 이런 원칙이 마련되어야 한다. 이것은 국제사회가 함께 나서야 가능한 일이다.

우주인의 삶을 개선하기 위한 실험들

인류가 달이나 화성으로 가게 될 때 가장 주의해야 하는 점이 우주인의 삶이다. 특히 화성 같은 곳은 왕복하는 데만도 1년에서 2년 가까운 시간이 걸린다. 우주에서의 장기 거주를 목표로 한다면 무엇보다 우주인의 신체적, 정신적 문제와 관련해 신경을 써야 한다. 지금까지는 인류가 지구를 떠나 우주에 장기 체류한 적이 없다. 하지만 이제 그런 장기 체류 시대를 향해 나아가고 있어 그만큼 챙길 것이 더 많아졌다.

일단 우주로 나가면 신체적으로 근육 손실이 빠르게 일어나고, 골밀도가 상당히 떨어지는데, 이와 같은 문제를 어떻게 하면 예방할 수 있을지에 대한 연구가 필요하다. NASA는 우주인 30명 정도를 3개 그룹으로 나눠서, 3개월 반 정도 단기간 우주에 머물 때, 3개월 반에서 8개월 체류할 경우, 8개월 이상 장기 체류할 경우로 나눠 신체적으로 어떤 변화가 일어날지를 실험해 보고 있다. 우주에서의 어떤 활동이 신체에 어떻게 영향을 주고, 어떤 문제를 가속화시키는지, 체류 기간이 영향을 끼치는지 등을 우주 방문 전과 후로 나눠 살펴보고 대안을 마련하기 위한 연구를 지속적으로 진행하고 있다.

또 우주 공간에서는 중력이 다르기 때문에 우리 뇌 수액에 영향을 주고 뇌의 구조에 변화를 가져온다. 그렇게 되면 우리의 인식 능력이나 공감 능력 등에도 변화가 생길 수 있다. 도구를 사용하는 능력에도 영향을 끼칠 수 있는데, 그런 것들에 관한 연구도 이루어지고 있다. 또한 우주인들 중에는 시력 손상을 보고한 경우도 있다. 우주의 고위험군 방사량은 암과 여러 건강 문제를 야기할 수 있다. 우주에서 우주인들은 면역체계, 생체리듬 변화, 수면장애 문제에도 노출될 수 있다.

심리적인 영향도 주의 깊게 본다. 폐쇄 공간에서의 활동이 우주인의 심리에 영향을 끼치는지, 우주 공간에서의 수면 장애는 어떤 양상을 띠는지, 그리고 가장 중요하게, 미세 중력과 방사선이 우주인에게 끼치는 해악들로부터 우주인을 어떻게 보호할 것인지 등과 관련한 실험을 1998년 국제우주정거장이 설립된 이래 꾸준히 진행하고 있다. 극소수의 인간만이 머무는 폐쇄된 공간에서 지낼 때 심리적 고립감, 외로움 같은 문제를 어떻게 해결할 것인가. 그 해결책의 하나로 가족과 지구와 자유롭게 소통할 수 있는 통신 방법을 개발하고, 또 우주 공간에서 즐길 수 있는 엔터테인먼트를 개발하는 것을 생각해 볼 수 있다.

우주인의 생활과 관련해 중요한 것이 식량 문제다. 지구에서도 먹고 사는 문제는 아주 기초적이면서도 중요한 것처럼, 우주에서도 마찬가지다. 우주 식량 문제가 있는데, 우주에서의 활동이 길어지면 식량을 매번 패키지 형태로 먹을 수는 없을 것이다. 지구에서 심우주 탐사 중인 우주인들에게 신선한 과일과 채소를 공급한다는 것은 비용과 운송 시간을 고려할 때 실현하기가 어렵다. 궁극적으로는 자체 조달, 우주 내에서 농산물을 재배해 공수해야 한다. 그래서 우주 환경에서도 잘 자랄 수 있는 농산물에 대한 연구를 계속하고 있다. 우주에서 농산물을 키운다는 것은 영양 공급 면에서도 중요하지만, 우주인의 심리적인 측면에서도 큰 도움이 될 수 있다. 또한 단백질 공급도 현지 조달해야 할 텐데, 그러기 위해서는 소, 돼지, 닭, 생선보다는 우주 환경에 잘 적응하는 콩 재배와 더불어 인류의 미래식량으로 거론되는 벌레를 키워 공급하는 방안이 현실적으로 보인다.

NASA의 우주비행사 마이클 홉킨스(왼쪽)와 릭 마스트라치오가 2013년 11월 28일 국제우주정거장의 유니티 노드에서 추수감사절 식사를 하고 있다. [출처: nasa.gov]

또 우주인의 삶을 개선하기 위해 필요한 것이 뭐가 있을까? 우주복의 고성능화이다. 활용성도 좋고 안전도 지켜 줄 수 있는 우주복이 필요하다. 우주복은 그 자체로 하나의 우주선과 비슷하다. 그 안에서 호흡하고 대소변 등 생리현상을 처리하고, 온도를 맞추고 산소를 공급하고, 방사선을 막는 등 복합적인 기능을 수행한다. 이런 우주복의 기능을 향상시키기 위한 노력이 꾸준히 이뤄져야 한다.

또 탐사를 진행할 때는 먼지를 막는 것이 매우 중요한데, 그에 대한 대책도 필요해 보인다. 화성 먼지나 달 먼지는 상당히 미세해서 몸에 축적이 되면 위험하다. 기지에 들어와 쌓여도 위험하다. 달과 화성의 미세한 먼지는 호흡기 질환을 야기할 수 있다. 특히 달의 먼지는 뾰족뾰족 칼날 같은 구조를 갖고 있어 인체 내에 들어오면 폐 손상을 야기할 수도 있으며, 화성 먼지는 발암성 물질이 포함되어 있는 것으로 예측되고 있다.

MRI는 원래 달을 찍었지

NASA는 매년 NASA의 과학기술이 어떻게 제품 생산과 서비스 분야에 활동되었는지 알리는 보고서를 발간하고 있다. 현재까지 2,000여 개의 NASA 발견 과학기술이 다양한 제품과 서비스 분야에 응용되어 미국의 경제 발전에 큰 이바지를 했다.

천체의 온도를 재는 적외선 망원경 기술은, 코비드 기간 동안 매일 마주했던 적외선 온도계를 탄생시키고 아폴로 달 탐사 중 달 표면의 이미지를 특수촬영했던 기술은 신체 내 장기를 특수촬영하는 MRI(Magnetic Resonance Imaging)로 탄생되어 수많은 소중한 생명을 살려 왔다. 로켓이 우주로 발사될 때 중력으로 인한 강한 압력에서 우주인을 보호하기 위해서 그리고 항공기서 조종사와 승객을 보호하기 위해 만들어진 메모리폼(Memory foam)은 침대, 베개, 신발 바닥, 자전거와 오토바이 헬멧 등의 제품으로 탄생되어 우리의 삶을 개선하고 우리를 안전하게 지켜 주고 있다.

우주 탐사는 우리가 쓰는 안경 렌즈의 기능 향상에도 영향을 줬다. 우주에서는 아주 조그마한 먼지들이 총알의 8배에서 10배 이상의 속도로 날아다니며 우주인의 헬멧에 부딪히는데, 그 과정에서 스크래치가 엄청 생긴다. 그래서 이것을 막기 위한 연구를 진행했는데, 그 기술이 오늘날 안경렌즈, 선글라스, 오토바이 헬멧 바이저, 스키 및 스노우 보드 고글의 기능 향상에 영향을 끼쳤다. 우주인들이 달의 돌과 흙을 채취하는 데 사용한 베터리로 작동하는 무선 드릴은 수많은 무선 도구와 무선 진공청소기를 탄생시켰다.

화재경보기나 이산화탄소 경보기도 우주 탐사를 통해 더욱 기술적으로 진화해 오늘날 주거 시설의 안전에 중요한 역할을 담당하고 있다. 지구에서 살아가는 우리들에게 물과 공기가 없다는 것, 그리고 그것의 사용에 제한이 있다는 것은 상상하기 어렵다. 하지만 우주선이나 우주정거장에서는 제한된 물과 공기가 제공되기 때문에 장기간 거주를 위해서는 한번 사용한 물

NASA가 습득한 기술은 미국 기업들로 전수되어 신상품과 신기술로 재탄생되어 미국 경제 발전에 한 축을 담당하고 있다. 대한민국도 장기적 계획 속에서 우주 탐사 과학기술 발전을 이루고, 그 힘으로 지속적인 경제 발전을 이루어야 할 것이다.

과 공기를 정화하는 기술이 필수적이다. 오랜 기간 우주 탐사를 통해 발전된 물과 공기 정화 기술은 오늘날 우리들이 지구에서 안전하게 식수를 마시고 깨끗한 실내 공기를 유지하는 데 이용된다.

우주인들이 우주 밖에서 지구를 촬영하는 기술이 오늘날 스마트폰의 셀카로 탄생했다. 현대문명은 우주 DNA를 정말 많이 품고 있다. 우주 탐사 과정에서 개발된 과학기술로 만들어진 수많은 제품과 기술이 존재하지 않았다면 오늘날 우리들의 일상은 어떻게 변해 있을까?

NASA는 심우주 탐사 중 우주인들이 스스로 먹거리를 재배할 수 있도록 돕기 위해 국제우주정거장에 식물 재배 장치 APH(Advanced Plant Habit)를 설치해 밀, 양배추 등 다양한 식재료를 재배하고 성능 개선을 위해 꾸준히 연구하고 있다. APH의 특징 중 하나는 우주인이 유지 관리하는 시간을 최소한으로 하려는 기술이다. 이는 우주인의 삶을 개선하는 데 큰 역할을 하겠지만, 우주라는 척박한 환경에서 농작물 생산에 성공한다면 오늘날 기후변화로 농작물 생산을 위협받고 있는 인류의 먹거리 문제 해결에도 실마리가 될 수 있을 것이다.

왜 우리는 우주로 향하는가? 우주라는 척박한 환경에서 끊임없이 적응하려는 인류의 도전은 지구에서의 삶의 개선으로 이어지고 경제 발전에 기초가 되어 준다. NASA가 끊임없는 도전으로 습득한 기술은 미국 기업들로 전수되어 신상품과 신기술로 재탄생되어 미국 경제 발전에 한 축을 담당하고 있다. 대한민국도 장기적 안목을 갖고 과감한 우주에서의 도전을 통해 과학기술의 발전을 이루고, 산업계에 기술 이전으로 이어져 지속 발전 가능한 경쟁력 있는 국가가 되길 성원한다.

지구 속 화성, 유타 화성 기지

미국 유타에 있는 헌츠빌(Huntsville)이라는 동네는 허허벌판이다. 빨간색 토양도 있고 이곳이 진짜 화성인지 지구인지 헷갈릴 때가 있을 정도다. 화성학회(TMS)는 20년 넘게 남극의 데본섬에 있는 플래시라인 화성 북극 연구기지 FMARS(Flashline Mars Arctic Research Station)와 유타에 있는 화성 사막 연구기지 MDRS(Mars Desert Research Station) 두 곳의 모의 화성기지를 운영하고 있다.

이 중 유타에 있는 MDRS에는 과학자, 공학자 및 다양한 분야의 전문가들이 세계 각처에서 와서 화성과 유사한 환경에서 이런 저런 실험을 하고 있다. 화성 같은 곳은 우주선 밖으로 나

사막 연구 및 기술 연구(DesertRATS)는 달과 화성과 지리적으로 유사한 원격 환경에서 하드웨어 및 운영 시나리오를 테스트하는 NASA 미션 중 하나다. [출처: wikimedia.org]

가면 방사선이 매우 심한데, 하루 방사선 양이 지구에서 1년 내내 쬐는 방사선량과 같을 정도다. 그러니 우주선 밖으로 나갈 때는 반드시 우주복을 입어야 하는데, 이런 것들을 이곳에서 실험해 보는 식이다.

스페이스X와 누리호처럼 외계로 나갈 때 필요한 운송수단도 중요하지만, 목적지에 도착했을 때 그곳에서 어떻게 생활할 것인가도 매우 중요한 문제다. MDRS에서는 화성에서의 실제 생활을 염두에 둔 연구와 실험을 한다고 보면 된다. 식물도 키우고, 사람이 폐쇄 공간에 오래 있으면 심리적으로 어떤 문제가 생기는지도 세세히 따져 본다.

화성까지 가는 데는 6~8개월이 걸리고 오는 데 또 그만큼 걸린다. 2년 가까운 시간을 오롯이 우주선이라는 폐쇄된 공간에서 지내야 하는데, 이건 사람에게 엄청난 스트레스 상황이다. 정신적 문제를 야기할 가능성이 크다. 그와 같은 상황을 대비해 충분히 연구가 이뤄져야 한다.

또 한 명이 아니라 여러 명이 함께 가다 보면 사람 사이에 갈등이 생길 수 있다. 그럴 때 갈등을 어떻게 해소할 것인지, 그런 문제를 최소화하기 위해서 탑승자를 꾸릴 때 어떤 점을 고려해야 할지 컨퍼런스를 통해 필요한 정보를 취득하고 나눈다. 그렇게 취득한 내용들을 실질적으로 시뮬레이션해 봄으로써 보다 구체적인 대안을 도출해 인간의 화성 탐사 및 거주를 위한 방안을 미리 준비하고 있는 것이다. 우주에서의 삶을 예행 연습하는 중이다.

우리가 우주에 가야 하는 이유

아르테미스 프로젝트에서 우주 경제의 내일까지

1판 1쇄 발행 | 2023년 12월 30일
1판 2쇄 발행 | 2024년 4월 15일

지은이 | 폴윤(윤명현)
감수 | 임현상

펴낸이 | 김유열
디지털학교교육본부장 | 유규오
출판국장 | 이상호
교재기획부장 | 박혜숙
교재기획부 | 장효순 **북매니저** | 윤정아, 이민애, 정지현, 경영선
책임 편집 | 김영주 **디자인** | 아바(AVA)
인쇄 | 우진코니티

펴낸곳 | 한국교육방송공사(EBS)
출판신고 | 2001년 1월 8일 제2017-000193호
주소 | 경기도 고양시 일산동구 한류월드로 281
대표전화 | 1588-1580 **홈페이지** | www.ebs.co.kr
전자우편 | ebsbooks@ebs.co.kr

ISBN 978-89-547-8222-7 03440